ステップ アップ
大学の**有機化学**

齋藤 勝裕 著

LET'S STEP UP !

裳華房

Step Up !
Organic Chemistry for College Students

by

Katsuhiro Saito   Dr. Sci.

SHOKABO
TOKYO

刊 行 趣 旨

「ステップアップ」を書名に冠した化学の教科書を刊行する。「ステップアップ」とは，目標を立てて階段を一段ずつ着実に登り，一階あがるごとに実力を点検し，次の目標を立てて次の階段に臨み，最後には目的の最上階に達するというものである。その意味で本書はJABEE（日本技術者教育認定制度）の精神に沿った教科書ということができよう。

本書はおおむね序章＋13章の全14章構成となっている。それは多くの大学の2単位分の講義が，14回の講義と15回目の試験から構成されていることを考えてのことである。

講義開始のとき，学生は講義名を知っていても，その内容までは詳しく知らないことが多い。これは1回ごとの講義においても同様である。そこで本書では，最初に「序章」を置き，その本全体の概要を示すことにした。序章を読むことで学生は講義全体のアウトラインを掴むことができ，その後の勉強の方針を立てることができよう。また各章の最初には「本章で学ぶこと」を置き，その章の目標を具体的に示した。そして各章の終わりには「この章で学んだこと」を置き，講義内容を具体的に再確認できるようにした。

本文の適当な箇所に「発展学習」を置いたことも本書の特徴の一つである。発展学習について図書館などで調べ，あるいは学友とディスカッションすることによって，実力と共に化学への興味が増すものと期待している。

そして各章の最後には演習問題を置き，実力の涵養を図った。各章を終えたときにはその章の内容をほぼ完璧な形で身につけることができるものと確信する。

このように，常に目標を立てて各ステップに臨み，一段階を達成した後には反省と点検を行い，その成果を土台として次のステップに臨むという学習態度は，まさしくJABEEの精神に一致するものと考える。

本書は記述内容とその難易度に細心の注意を払った。すなわち，いたずらに高度な内容を満載して学生を消化不良に陥らせることのないよう配慮した。また，必要な内容をわかりやすく，丁寧に説明することを最優先とした。文字離れ，劇画慣れが進んでいる現代の学生に合わせ，説明文は簡潔丁寧を旨とし，同時に親切でわかりやすい説明図を多用した。本書を利用する読者が化学に興味を持ち，毎回の講義を待ち望むようになってくれることを願うものである。

齋藤　勝裕・藤原　学

まえがき

　本書は「ステップアップ」の趣旨に沿った書籍の一環をなすものであり，有機化学を扱うものである。本書は理学部，工学部だけでなく，医学部，歯学部，薬学部，教育学部，あるいは食品系学部等の教科書として最適なものである。

　「有機化学」とは，有機化合物を扱う研究分野であるが，有機化合物は，炭素を含む化合物のうち，二酸化炭素 CO_2 やシアン化水素 HCN のような簡単な構造のものを除いた全てであり，その種類はきわめて多い。有機化学が明らかにしようとするのはこれら有機化合物の構造，物性，反応性，合成法などであり，これまたすこぶる幅広い。

　本書は第Ⅰ部「原子と結合」，第Ⅱ部「有機化合物の構造」，第Ⅲ部「有機化合物の性質と反応」，第Ⅳ部「生命と有機化学」からなる。

- 第Ⅰ部は，有機化合物を構成する結合である共有結合についての説明であり，混成軌道，σ結合，π結合までを取り上げる。
- 第Ⅱ部は，有機化合物の基礎である炭化水素の結合状態とその構造を扱うものであり，基本的な化合物ならびに芳香族の構造，異性体，さらに命名法について説明する。
- 第Ⅲ部は，有機化合物の性質と反応性を扱うものであり，炭化水素から各種官能基を持った化合物，さらに高分子の物性と反応性までを扱う。
- 第Ⅳ部は，生体，天然物，遺伝を扱うものであり，DNA だけでなく，RNA の機能まで説明してある。

　本書ではこれらの広範な内容をバランスよく選定し，過不足なく説明してある。説明はやさしくわかりやすいことを第一としているが，文章は簡潔をこころがけた。いたずらに長い文章にして，文字離れの進んだ学生に無用の負担を掛けないようにするためである。その分，丁寧でわかりやすい説明図を多用した。学生は豊富な説明図を眺め，簡潔な説明文を読むことによって，感覚的な意味でも理解を増すものと確信する。

　本書を利用した読者の皆さんが化学の面白さを発見し，化学に興味を持ってくださったら著者として望外の喜びである。最後に，本書刊行に並々ならぬ努力を払ってくださった裳華房の小島敏照氏に感謝申し上げる。

2009 年 8 月

齋 藤 勝 裕

目　次

●序章　はじめに●

0・1　有機化合物の構造 …………………… 1
　0・1・1　化学結合 ……………………… 1
　0・1・2　分子構造 ……………………… 2
　0・1・3　異性体 ………………………… 2
0・2　有機化合物の名前 …………………… 3
　0・2・1　命名法 ………………………… 3
　0・2・2　数詞 …………………………… 3
　0・2・3　EPA と DHA ………………… 3
0・3　有機化合物の反応 …………………… 4
　0・3・1　置換基 ………………………… 4
　0・3・2　置換反応 ……………………… 4
　0・3・3　脱離反応 ……………………… 5
　0・3・4　付加反応 ……………………… 5
0・4　有機化合物の合成 …………………… 5
　0・4・1　工業用品 ……………………… 5
　0・4・2　医薬品 ………………………… 6
　0・4・3　プラスチック ………………… 6
0・5　有機化合物と生命 …………………… 7
　0・5・1　糖 ……………………………… 7
　0・5・2　タンパク質 …………………… 7
　0・5・3　DNA ………………………… 8
演習問題 ……………………………………… 9

● ● ● ● ● 第Ⅰ部　原子と結合 ● ● ● ● ●

●第1章　原子構造●

1・1　原子核と電子 ………………………… 10
　1・1・1　原子の構造 …………………… 10
　1・1・2　原子の大きさ ………………… 11
　1・1・3　原子核の構造 ………………… 11
1・2　電子殻と収容電子数 ………………… 12
　1・2・1　電子殻 ………………………… 12
　1・2・2　軌道 …………………………… 12
　1・2・3　電子殻と軌道 ………………… 13
1・3　電子配置 ……………………………… 13
　1・3・1　スピン ………………………… 14
　1・3・2　電子配置の約束 ……………… 14
　1・3・3　電子配置の実際 ……………… 14
1・4　最外殻電子と電気陰性度 …………… 15
　1・4・1　最外殻電子 …………………… 15
　1・4・2　イオン ………………………… 15
　1・4・3　不対電子と非共有電子対 …… 15
　1・4・4　電気陰性度 …………………… 16
演習問題 ……………………………………… 17

●第2章　共有結合●

2・1　σ結合とπ結合 ……………………… 18
　2・1・1　共有結合 ……………………… 18
　2・1・2　共有結合の種類 ……………… 19
2・2　混成軌動 ……………………………… 20
　2・2・1　共有結合と不対電子数 ……… 20
　2・2・2　炭素の不対電子数 …………… 20
　2・2・3　混成軌動 ……………………… 21
2・3　sp^3混成軌道と単結合 ……………… 21
　2・3・1　sp^3混成軌道 ………………… 22
　2・3・2　メタン ………………………… 22
　2・3・3　エタン ………………………… 22
2・4　sp^2混成軌道と二重結合 …………… 23
　2・4・1　sp^2混成軌道 ………………… 23
　2・4・2　エチレンの結合状態 ………… 24

目次

2・4・3 シス・トランス異性 …………… 25
2・5 sp混成軌道と三重結合 …………… 25
    2・5・1 sp混成軌道 ………………… 25
    2・5・2 アセチレンの結合状態 ……… 26
2・6 共役二重結合 ……………………… 27
    2・6・1 1,3-ブタジエンの構造式 …… 27
    2・6・2 ブタジエンの結合 …………… 27
    2・6・3 共役二重結合 ………………… 28
演習問題 …………………………………… 29

第Ⅱ部　有機化合物の構造

第3章　有機化合物の構造と命名

3・1 構造式の書き方 …………………… 30
    3・1・1 炭化水素の構造式 …………… 30
    3・1・2 簡略な構造式 ………………… 30
    3・1・3 直線による表記 ……………… 32
3・2 置換基の種類 ……………………… 32
    3・2・1 アルキル基 …………………… 32
    3・2・2 官能基 ………………………… 32
    3・2・3 置換基効果 …………………… 33
3・3 飽和炭化水素の構造と名前 ……… 34
    3・3・1 数詞 …………………………… 34
    3・3・2 飽和炭化水素の命名法 ……… 35
    3・3・3 慣用名 ………………………… 35
3・4 置換基を持つ飽和炭化水素 ……… 35
    3・4・1 メチル基を持つ直鎖飽和炭化水素
　　　　　　　　　　　　　　………… 35
    3・4・2 環状飽和炭化水素 …………… 36
3・5 不飽和結合を含む炭化水素 ……… 36
    3・5・1 アルケンの命名法 …………… 36
    3・5・2 シクロアルケンの命名法 …… 37
    3・5・3 アルキンの命名法 …………… 37
演習問題 …………………………………… 37

第4章　異性体

4・1 異性体 ……………………………… 39
    4・1・1 分子式 C_nH_{2n+2} の異性体 …… 39
    4・1・2 分子式 C_nH_{2n} の異性体 ……… 40
4・2 結合回転による異性 ……………… 41
    4・2・1 重なり形とねじれ形 ………… 41
    4・2・2 いす形と舟形 ………………… 41
4・3 シス・トランス異性 ……………… 43
    4・3・1 二重結合 ……………………… 43
    4・3・2 環状化合物 …………………… 43
4・4 不斉炭素と光学異性 ……………… 44
    4・4・1 光学異性体 …………………… 44
    4・4・2 旋光性 ………………………… 45
    4・4・3 不斉炭素を持たない光学異性体 … 46
    4・4・4 生理活性 ……………………… 46
4・5 不斉炭素を2個持つ異性体 ……… 47
    4・5・1 フィッシャー投影式 ………… 47
    4・5・2 エリトロ・トレオ …………… 48
    4・5・3 エナンチオマー・ジアステレオマー
　　　　　　　　　　　　　　………… 48
演習問題 …………………………………… 49

第5章　芳香族化合物

5・1 ベンゼンの構造 …………………… 50
    5・1・1 ベンゼンの形 ………………… 50
    5・1・2 C-C結合 ……………………… 50
5・2 芳香族性 …………………………… 51
    5・2・1 物性と反応性 ………………… 51
    5・2・2 $(4n+2)\pi$ 電子構造 …………… 51

5・3	ベンゼン誘導体 …………………… 53	5・4・1	ヘテロ元素を含む芳香族 ……… 54
	5・3・1　多環式芳香族 …………………… 53	5・4・2	イオンの芳香族 ………………… 54
	5・3・2　置換基を持つベンゼン …………… 53	演習問題	……………………………………… 56
5・4	非ベンゼン系芳香族化合物 ……… 54		

第 III 部　有機化合物の性質と反応

第 6 章　炭化水素の反応

6・1	反応の種類 ………………………… 57	6・4・1	接触還元反応 …………………… 62
	6・1・1　一分子反応と二分子反応 ……… 57	6・4・2	トランス付加反応 ……………… 62
	6・1・2　試薬と基質 …………………… 57	6・4・3	環状付加反応 …………………… 63
	6・1・3　求核反応と求電子反応 ………… 58	6・5	酸化反応 …………………………… 63
	6・1・4　反応速度 …………………………… 58	6・5・1	4置換オレフィン ……………… 63
6・2	置換反応 …………………………… 59	6・5・2	2置換オレフィン ……………… 64
	6・2・1　S_N1 反応 ……………………… 59	6・5・3	エチレン ………………………… 64
	6・2・2　S_N2 反応 ……………………… 59	6・5・4	混合オレフィン ………………… 65
6・3	脱離反応 …………………………… 60	6・5・5	オゾン酸化 ……………………… 65
	6・3・1　E1反応 …………………………… 60	6・5・6	四酸化オスミウム酸化 ………… 65
	6・3・2　E2反応 …………………………… 61	演習問題	……………………………………… 66
6・4	付加反応 …………………………… 62		

第 7 章　アルコール・エーテルの反応

7・1	アルコールの種類と性質 ………… 68	7・3	エーテルの種類と性質 …………… 74
	7・1・1　アルコールの命名法 ……………… 68	7・3・1	エーテルの命名法 ……………… 74
	7・1・2　アルコールの種類 ………………… 69	7・3・2	エーテルの種類 ………………… 74
	7・1・3　アルコールの性質 ………………… 70	7・3・3	エーテルの性質 ………………… 75
	7・1・4　アルコールの合成 ………………… 70	7・3・4	エーテルの合成 ………………… 75
7・2	アルコールの反応 ………………… 71	7・4	エーテルの反応 …………………… 75
	7・2・1　金属との反応 ……………………… 71	7・4・1	酸素との反応 …………………… 75
	7・2・2　置換反応 …………………………… 71	7・4・2	強酸との反応 …………………… 76
	7・2・3　脱水反応 …………………………… 71	7・4・3	オキサシクロプロパンの反応 …… 76
	7・2・4　酸化反応 …………………………… 72	演習問題	……………………………………… 77
	7・2・5　エステル化反応 …………………… 73		

第 8 章　アルデヒド・ケトンの反応

8・1	アルデヒド・ケトンの命名法と合成法	8・1・1	アルデヒドの命名法 …………… 78
	……………………………………… 78	8・1・2	ケトンの命名法 ………………… 79

第9章 カルボン酸の反応

- 8・1・3 アルデヒド・ケトンの合成法 …… 80
- 8・2 アルデヒド・ケトンの性質 ……… 80
  - 8・2・1 アルデヒドの還元性 ………… 80
  - 8・2・2 アルデヒドの毒性 …………… 81
  - 8・2・3 ケトンの性質 ……………… 81
- 8・3 アルデヒド・ケトンの反応 ……… 82
  - 8・3・1 付加反応 …………………… 82
- 8・3・2 グリニャール反応 …………… 82
- 8・3・3 酸化・還元反応 ……………… 83
- 8・4 ケト-エノール互変異性 …………… 84
  - 8・4・1 ケト-エノール互変異性 ……… 84
  - 8・4・2 エノールを経由する反応 …… 85
- 演習問題 ……………………………… 87

● 第9章 カルボン酸の反応 ●

- 9・1 酸・塩基 ……………………… 88
  - 9・1・1 酸・塩基 …………………… 88
  - 9・1・2 酸性・塩基性 ………………… 89
- 9・2 カルボン酸の種類と性質 ………… 90
  - 9・2・1 命名法 ………………………… 90
  - 9・2・2 種類 …………………………… 91
- 9・3 カルボン酸の合成 ………………… 92
  - 9・3・1 酸化反応 ……………………… 92
  - 9・3・2 グリニャール反応 …………… 92
- 9・3・3 ニトリルの加水分解 ………… 92
- 9・4 カルボン酸の反応 ………………… 93
  - 9・4・1 還元 …………………………… 93
  - 9・4・2 脱炭酸 ………………………… 93
  - 9・4・3 酸無水物 ……………………… 93
  - 9・4・4 エステル化 …………………… 94
  - 9・4・5 アミド化 ……………………… 94
- 演習問題 ……………………………… 95

● 第10章 ベンゼンおよび置換基の反応 ●

- 10・1 含窒素置換基の反応 …………… 96
  - 10・1・1 アミノ基 …………………… 96
  - 10・1・2 ニトロ基 …………………… 97
  - 10・1・3 ニトリル基 ………………… 97
- 10・2 ベンゼンの反応 ………………… 98
  - 10・2・1 ニトロ化 …………………… 98
  - 10・2・2 スルホン化 ………………… 98
  - 10・2・3 塩素化 ……………………… 99
  - 10・2・4 フリーデル-クラフツ反応 … 99
  - 10・2・5 ベンザインの反応 ………… 100
- 10・3 置換反応の配向性 ……………… 100
- 10・3・1 メタ配向性 ………………… 100
- 10・3・2 オルト・パラ配向性 ……… 101
- 10・4 置換基の変換 …………………… 102
  - 10・4・1 アルキル基 → カルボキシル基 …………………………………… 102
  - 10・4・2 スルホニル基 → ヒドロキシ基 …………………………………… 102
  - 10・4・3 ニトロ基 → アミノ基 …… 102
  - 10・4・4 アミノ基 → ジアゾニウム塩 … 103
  - 10・4・5 カップリング反応 ………… 103
- 演習問題 ……………………………… 104

● 第11章 高分子化合物 ●

- 11・1 高分子化合物の種類 …………… 106
  - 11・1・1 高分子化合物 ……………… 106
  - 11・1・2 高分子化合物の種類 ……… 107
  - 11・1・3 合成高分子化合物 ………… 107
- 11・2 熱可塑性樹脂 …………………… 108
  - 11・2・1 熱可塑性樹脂の種類 ……… 108
  - 11・2・2 ポリエチレンの仲間 ……… 108
  - 11・2・3 ナイロン …………………… 109

11・2・4	PET……………………109	11・4・1	生分解性高分子……………113
11・3	化学繊維とゴム…………………110	11・4・2	伝導性高分子………………113
11・3・1	化学繊維………………110	11・4・3	高吸水性高分子……………114
11・3・2	ゴム……………………111	11・4・4	イオン交換高分子…………114
11・3・3	熱硬化性樹脂…………111	演習問題……………………………………115
11・4	機能性高分子……………………112		

第Ⅳ部　生命と有機化学

第12章　生体と有機化学

12・1	糖類………………………………116	12・3・1	油脂の構造…………………121
12・1・1	単糖類…………………116	12・3・2	脂肪酸………………………121
12・1・2	二糖類…………………117	12・3・3	分子膜………………………121
12・1・3	多糖類…………………117	12・3・4	細胞膜………………………122
12・2	タンパク質………………………118	12・4	微量物質…………………………123
12・2・1	アミノ酸………………118	12・4・1	ビタミン……………………123
12・2・2	ポリペプチド…………119	12・4・2	ホルモン……………………124
12・2・3	α-ヘリックスとβ-シート……119	12・4・3	神経伝達物質………………125
12・2・4	立体構造………………120	演習問題……………………………………126
12・3	油脂………………………………120		

第13章　遺伝と有機化合物

13・1	DNAの構造と暗号………………127	13・3・1	遺伝子とジャンクDNA………130
13・1・1	DNAの二重ラセン構造………127	13・3・2	RNAの作製…………………130
13・1・2	DNAの構造……………128	13・3・3	コドンとアミノ酸…………131
13・1・3	二重ラセンができるわけ……128	13・4	RNAとタンパク質合成…………131
13・1・4	DNAの暗号……………128	13・4・1	mRNAとtRNA………………132
13・2	DNAの解裂と複製………………129	13・4・2	リボソーム…………………132
13・2・1	解裂と複製の基本路線………129	13・4・3	遺伝形質の発現……………132
13・2・2	複製の実際……………129	演習問題……………………………………133
13・3	DNAとRNA………………………130		

演習問題解答……………………………………………134
索　引……………………………………………………141

序章

はじめに

● 本章で学ぶこと

　有機化学は有機化合物を研究対象とする学問である。有機化合物とは，もともとは生体に含まれる物質を指した。したがって，有機化学と生体・生命の科学は深い関係にある。

　しかし，現在では有機化合物は生体由来のものに限らない。すなわち，有機化合物とは炭素を含む化合物のうち，二酸化炭素 CO_2，シアン化水素（青酸ガス）HCN など構造の簡単なもの以外の全てを指すことになっている。そのため，有機化合物の種類は数えることが無意味なほど多い。

　全ての物質は原子でできており，地球上に安定に存在する原子の種類は 91 種類である（側注参照）。しかし，一般の有機物を構成する原子の種類はそれほど多くはない。炭素 C と水素 H が大部分であり，そのほかに微量の酸素 O，窒素 N などが加わる程度である。

　わずか数種類の原子が作る無限大ともいえる種類の有機化合物，それを研究するのが有機化学である。

　この章では，有機化学の本論に入るための準備段階として，有機化学がどのような研究から成り立っているのかを見ていこう。

0・1　有機化合物の構造

　分子を構成する原子の種類と個数を表したものを**分子式**といい，どのような原子がどのような順序で結合して分子ができているかを表したものを**分子構造**という。

自然界にある元素は原子番号 1 番の水素 H から 92 番のウラン U まであるが，43 番のテクネチウム Tc は半減期が短いので自然界には存在しない。したがって 91 種類となる。

0・1・1　化学結合

　分子は複数個の原子が結合してできている。結合にはイオン結合，金属結合などがあるが，有機化合物を構成する結合の大部分は**共有結合**である。共有結合には**単結合**，**二重結合**，**三重結合**などがある（図 0・1）。

● 発展学習 ●
イオン結合，金属結合とはどのような結合か調べてみよう。

0・1・2 分子構造 (図0・1)

$$結合\begin{cases}イオン結合\\金属結合\\共有結合\begin{cases}単結合\ \ C-C,\ C-H\\二重結合\ \ C=C\\三重結合\ \ C\equiv C\end{cases}\end{cases}$$

図0・1　さまざまな化学結合

0・1・2　分子構造 (図0・2)

有機化合物の基本は炭素と水素だけでできた炭化水素である。単結合だけで成り立っている炭化水素を**アルカン**という。アルカンの最も簡単なものはメタン CH_4 で，全ての ∠HCH は 109.5° であり，正四面体構造をしている。

C＝C 二重結合を1個含む炭化水素を**アルケン**という。アルケンで最も簡単なものはエチレン $H_2C=CH_2$ である。エチレン分子は平面形であり，全ての結合角は約 120° である。

C≡C 三重結合を1個含む炭化水素を**アルキン**という。アルキンで最も簡単なものはアセチレン HC≡CH である。アセチレンは直線状の化合物であり，4個の原子は一直線上にある。

アルカン：alkane
アルケン：alkene
アルキン：alkyne

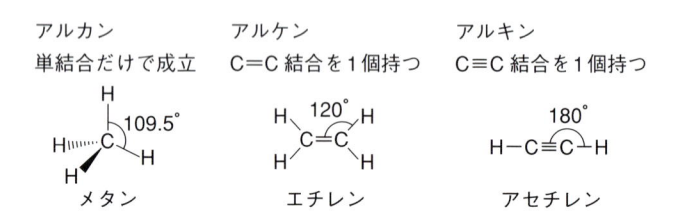

図0・2　炭化水素の基本的な分子構造

0・1・3　異 性 体

分子式は等しいが分子構造の異なるものを互いに**異性体**という。分子式 C_4H_{10} の化合物には，図0・3に示した2種類の異性体がある。有機化合物を構成する炭素の個数が増えると異性体は膨大な個数に増える。これが有機化合物の種類が多いことの理由の一つである。

異性体：isomer

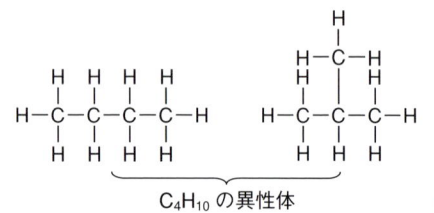

図0・3　炭化水素の異性体

0・2 有機化合物の名前

全ての有機化合物には固有の名前がある。有機化合物の名前は命名法によって厳格に決められており，研究者が勝手に命名することは許されない。

0・2・1 命名法

有機化合物の名前は，**IUPAC 命名法**という約束に従って厳密に決められる。この命名法は有機化合物の構造に従って決められるものであり，構造が決定されれば名前は自動的に機械的に決定される。したがって，化合物の名前がわかれば構造もわかることになる。

IUPAC：International（国際）Union（協会）of Pure（純粋）and Applied（応用）Chemistry（化学）の略。

0・2・2 数詞

IUPAC 命名法による名前は，化合物を構成する炭素の個数を表すギリシャ語（一部ラテン語）の数詞を基にして決められる。そのため，命名法を習得するためにはギリシャ語の数詞を覚えることが必要となる。

ギリシャ語の数詞は日常語に用いられており，決して難しいものでも新しいものでもない。例えば，1 はモノレール（1本レール）のモノであり，3 はトライアングル（三角形）のトライ（トリ）である（図 0・4）。

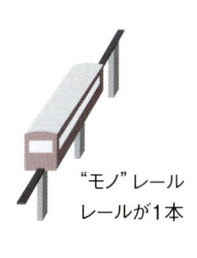

図 0・4　日常にみられるギリシャ語数詞　　"モノ"レール レールが1本　　"トライ"アングル 三角形

0・2・3 EPA と DHA（図 0・5）

マグロなどに含まれる脂肪酸，EPA や DHA が話題となっている。EPA はイコサペンタエン酸（eicosapentaenoic acid）の略である。このうち，eicosa は 20 の数詞であり，炭素数を表す。penta は 5 の数詞であり，二重結合の個数を表す。そして acid は酸という意味の名詞である。すなわち EPA は炭素数 20 個，二重結合数 5 個の酸（acid）なのである。

同様に DHA はドコサヘキサエン酸（docosahexaenoic acid）であり，炭素数 22 個（dokosa），二重結合数 6 個（hexa）の酸である。

このように，名前がわかると構造式がわかるのは大変に便利である。

$$\text{HO}_2\text{C-CH}_2\text{-CH}_2\text{-CH}_2\text{-CH=CH-CH}_2\text{-CH=CH-CH}_2$$
$$\text{CH}_3\text{-CH}_2\text{-CH=CH-CH}_2\text{-CH=CH-CH}_2\text{-CH=CH}$$

イコサペンタエン酸（EPA）
（炭素数：20　二重結合数：5）

$$\text{HO}_2\text{C-CH}_2\text{-CH}_2\text{-CH=CH-CH}_2\text{-CH=CH-CH}_2\text{-CH=CH}$$
$$\text{CH}_3\text{-CH}_2\text{-CH=CH-CH}_2\text{-CH=CH-CH}_2\text{-CH=CH-CH}_2$$

ドコサヘキサエン酸（DHA）
（炭素数：22　二重結合数：6）

図 0・5　EPA と DHA

0・3　有機化合物の反応

有機化合物は反応して他の有機化合物に変化する．反応には多くの種類が知られている．このような反応を利用して，種々の新しい有機化合物を合成することができる．

● 発展学習 ●
"分子"と"化合物"の違いについて調べてみよう．

0・3・1　置換基

有機化合物は，共通の原子団を持っていることがある．例えば酸と呼ばれる有機化合物は多くの場合 COOH という原子団を持っている．このようなとき，COOH 原子団を**置換基**といい，それ以外の部分を**基質**という．基質は一般に記号 R で表す（**図 0・6**）．

置換基には OH のような原子団のほか，Cl のような単原子もある．

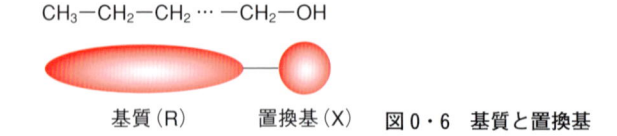

$$\text{CH}_3\text{-CH}_2\text{-CH}_2\text{-}\cdots\text{-CH}_2\text{-OH}$$

基質（R）　　置換基（X）　　図 0・6　基質と置換基

0・3・2　置換反応

置換反応:
　substitution reaction

置換基 X が他の置換基 Y に置き換わる反応を**置換反応**という．アルコール R-OH に塩酸 HCl を反応させると，置換基 OH が別の置換基 Cl に置き換わり，塩化物 R-Cl が生じる．

置換反応

$$\text{R-X} + \text{Y} \longrightarrow \text{R-Y} + \text{X}$$

$$\text{CH}_3\text{-CH}_2\text{-OH} + \text{Cl}^- \longrightarrow \text{CH}_3\text{-CH}_2\text{-Cl} + \text{OH}^-$$

　　エタノール　　　　　　　　塩化エチル

0・3・3 脱離反応

大きな分子から小さな分子が外れ，その跡が二重結合になる反応を**脱離反応**という。アルコール RCH_2-CH_2OH から水 H_2O が外れるとアルケン $RCH=CH_2$ が生じる。実際に，エタノール C_2H_5OH から水が脱離するとエチレン C_2H_4 が生じる。

脱離反応：elimination reaction

脱離反応

$$R-\underset{R}{\overset{X}{C}}-\underset{R}{\overset{Y}{C}}-R \longrightarrow \underset{R}{\overset{R}{C}}=\underset{R}{\overset{R}{C}} + XY$$

$$CH_3-CH_2-OH \longrightarrow H_2C=CH_2 + H_2O$$
エチレン

0・3・4 付加反応

二重結合に小さな分子が反応し，単結合になる反応を**付加反応**という。付加反応は脱離反応の逆反応と見ることもできる。実際にエチレンに水を作用させてエタノールにする反応は，エタノールの合成法として工業的に利用されている。

付加反応：addition reaction

付加反応

$$\underset{R}{\overset{R}{C}}=\underset{R}{\overset{R}{C}} + XY \longrightarrow R-\underset{R}{\overset{X}{C}}-\underset{R}{\overset{Y}{C}}-R$$

$$H_2C=CH_2 + H_2O \longrightarrow CH_3-CH_2-OH$$

0・4 有機化合物の合成

有機化学の最大の能力は，種々の新しい有機化合物を合成できることであろう。この能力のおかげで医薬品，衣料，肥料，プラスチック，種々の工業用品が作られ，私たちの生活が豊かになっているのである。

0・4・1 工業用品

エタノールは工業的洗浄剤や工業原料として欠かせないものである。飲料のエタノールは微生物の力を借りてブドウ糖を発酵させて作る。しかし，工業用のエタノールはエチレンに水を付加させるという化学反応によって合成する(0・3・4項参照)。

$$H_2C=CH_2 + H_2O \longrightarrow CH_3-CH_2-OH$$

0・4・2 医薬品

アスピリンは元々はヤナギの木に含まれる医薬成分として分離された。

解熱剤として永く使われている薬品にアスピリンがある。また筋肉消炎剤として永く愛用されている薬品にサリチル酸メチルがある。この2種の薬品は兄弟のような関係にあり，共に簡単な有機化学反応によって合成される。

すなわち，サリチル酸に酢酸が作用するとアスピリンであるアセチルサリチル酸が生成し，メタノールが作用するとサリチル酸メチルが生成するのである（図0・7）。これら2種の反応は共にエステル化といわれ，有機化学の基本的な反応である。

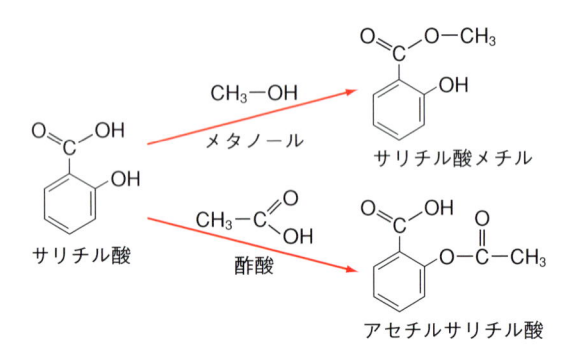

図0・7　サリチル酸の誘導体

0・4・3 プラスチック

●発展学習●
身の回りにはどのようなプラスチック製品があるか調べてみよう。

プラスチックは合成樹脂ともいわれ，多くの小さい分子が結合して大きな分子になったものであり，高分子化合物ともいわれる。

高分子化合物の代表的なものの一つがポリエチレンである。ポリエチレンのポリはたくさんという意味のギリシャ語の数詞 poly であり，エチレンがたくさん結合したものという意味である。実際にポリエチレンはたくさんのエチレンが結合したものであり，このような反応を**重合反応**という（図0・8）。

$$H_2C=CH_2 + H_2C=CH_2 + H_2C=CH_2 + \cdots + H_2C=CH_2$$
$$\xrightarrow{重合} H+(CH_2-CH_2)+(CH_2-CH_2)+ \cdots +(CH_2-CH_2)+H$$
ポリエチレン

図0・8　ポリエチレンのできかた

0・5　有機化合物と生命

生体の多くは有機化合物でできている。植物はデンプンやセルロースからできているが，これらは一般に糖（炭水化物）といわれる。動物の体の多くはタンパク質でできており，生物の最大の特徴である遺伝はDNAという核酸によって支配されている。

0・5・1　糖

植物は水と二酸化炭素を原料とし，太陽光をエネルギー源としてグルコース（ブドウ糖）（図0・9）などの糖を作る。このグルコースがたくさん結合したものが多糖類といわれるデンプン（図0・10）であり，セルロースである。

したがって糖類は太陽エネルギーの缶詰のようなものである。動物は植物の作った糖類を食べることによって太陽エネルギーの恩恵にあずかっているのである。

グルコースが多数個結合したデンプンやセルロースは高分子の一種であり，天然高分子と呼ばれることもある。

> 糖類には単糖類（グルコース等），二糖類（スクロース（ショ糖；砂糖）等），多糖類などがある。

図0・9　グルコース（ブドウ糖）の構造

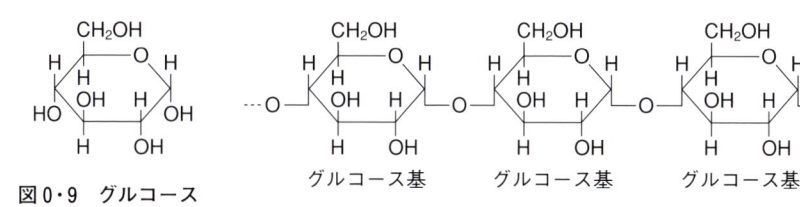

図0・10　デンプンの構造

0・5・2　タンパク質

タンパク質は多くのアミノ酸（図0・11）が結合した天然高分子である。タンパク質を構成するアミノ酸は全部で20種類ほどあり，それがどのような順序で結合するかによって異なったタンパク質となる（図0・12）。

タンパク質は立体的な構造であり，ラセン状の構造と平面（シート）状の構造が組み合わさった複雑な構造となっている。狂牛病の原因とい

> アミノ酸が連続したものはポリペプチドといわれる。タンパク質はポリペプチドの特殊なものである。

図0・11　アミノ酸の構造

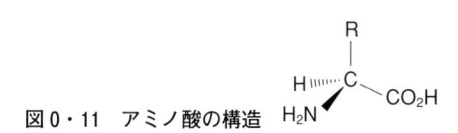

図0・12 タンパク質のできかた

われるプリオンタンパク質は，通常のタンパク質と比べて立体構造の一部が変異しているといわれている．

0・5・3 DNA

DNA は細胞の核にある染色体の中に 1 本だけ存在している非常に長い分子である．ヒトの場合には，23 対の染色体のそれぞれに 10 cm 以上の長さの DNA が入っている．DNA は 2 本の分子が縒り合わさった二重ラセン構造をとっている（図0・13）．

DNA は 4 種類の単位分子（A, G, C, T の記号で表される）が結合したものであり，これも天然高分子の一種である．そして英語が 26 個のアルファベットで思想を綴るように，DNA は 4 個の文字（単位分子）で遺伝情報を表すのである．

ヒトの場合，1 本が 10 cm 以上の DNA が 23 本あるので，一細胞中の DNA 全部では 2 m 以上の長さになる．

A：アデニン
G：グアニン
C：シトシン
T：チミン

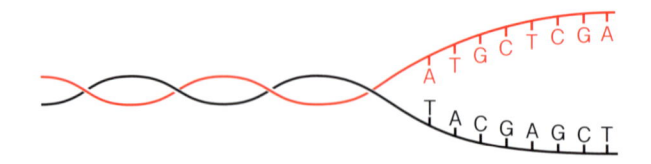

図0・13 DNA の二重ラセン

● この章で学んだ主なこと

□ 1 有機化合物の基本骨格は炭素，水素が共有結合で結合したものである．
□ 2 共有結合には単結合，二重結合，三重結合などがある．
□ 3 有機化合物の名前は命名法によって機械的に決定される．
□ 4 有機化合物の名前は分子を構成する炭素原子の個数を基にして決められる．
□ 5 有機化合物は基質部分と置換基部分に分けて考えることができる．
□ 6 有機反応には置換反応，脱離反応，付加反応などがある．
□ 7 有機化学の特徴の一つは新しい分子を合成できることである．

□ 8　生体の多くの部分は有機化合物でできている。
□ 9　生体を構成する有機化合物には糖，タンパク質，DNA などがある。

● 演 習 問 題 ●

1　有機化合物とはどのようなものか説明せよ。
2　単結合，二重結合，三重結合を含む有機化合物を1個ずつあげて構造式を書け。
3　分子 $CH_3CH_2CH_2OH$ から水が脱離した結果生じる化合物の構造式を書け。
4　分子 $CH_3CH=CHCH_3$ に分子 HX が付加した結果生じる化合物の構造式を書け。
5　ポリ塩化ビニル（エンビ）は塩化ビニル $CH_2=CHCl$ が重合したものである。ポリ塩化ビニルの構造式を書け。
6　メタン，エチレン，アセチレンの∠HCH はそれぞれおよそ何度か。
7　有機化合物の反応を四つあげよ。
8　生命体に含まれる有機物の種類を四つあげよ。
9　高分子の種類を四つあげよ。

第I部 原子と結合

第1章

原子構造

● 本章で学ぶこと

　全ての物質は原子からできている。したがって，有機化合物の性質や反応性を理解するためには，原子の構造や性質を理解していることが必要である。

　原子は中心にある小さく重い原子核と，その周りにある雲のようにフワフワした電子雲からできている。原子核はプラスに荷電し，電子雲はマイナスに荷電している。そしてその荷電量の絶対値は等しいので，原子は電気的に中性となっている。

　電子は複数個存在し，それらは軌道という入れ物に入っている。どの軌道に何個の電子が入っているかを表したものを電子配置という。原子の性質は電子配置によって決定される。

　本章ではこのようなことを中心に見ていこう。

1・1 原子核と電子

　少数の例外を除けば物質は分子からできている。分子は複数個の原子が結合したものである。地球上に安定に存在する原子は91種類である。

電子：electron
原子核：nucleus

1・1・1 原子の構造

　原子は雲でできた球のようなものである。フワフワとして丸い。この雲のように見えるのが電子雲であり，複数個の**電子**（記号 e）からできている。そしてこの雲の中心には固くて重い**原子核**という球がある（図1・1）。

　電子はマイナスに荷電し，原子核はプラスに荷電している。そして両者の荷電量の絶対値は等しいので，原子は電気的に中性である。

　原子の質量の 99.9 % は原子核の重さであり，電子の質量は無視できるほど小さい。

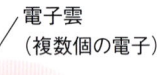

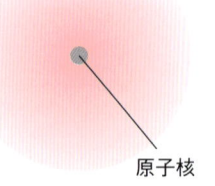

図1・1　原子核と電子雲

1・1・2　原子の大きさ

原子の直径はおよそ 10^{-10} m である。これは，原子を拡大してピンポン球の大きさにしたら，同じ拡大率で拡大したピンポン球は地球ほどの大きさになることを意味する（図 1・2）。

原子核の直径はおよそ 10^{-14} m である。これは，原子核を拡大してパチンコ玉の大きさにしたら，同じ拡大率で拡大したパチンコ玉は直径 100 m ほどの球，すなわち，東京ドームを 2 個張り合わせたような球になることを意味する（図 1・3）。

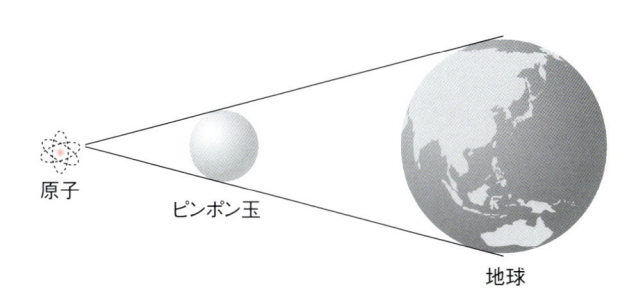

図 1・2　原子の大きさ

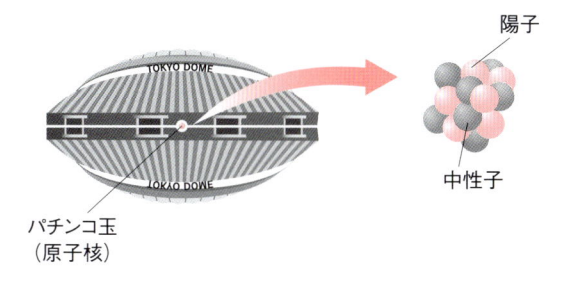

図 1・3　原子核と原子の直径を比べると…

1・1・3　原子核の構造

原子核は**陽子**（p）と**中性子**（n）からできている（図 1・3）。陽子と中性子の質量はほぼ等しいが電気的性質は異なる。すなわち中性子は電気的に中性であるが陽子はプラスに荷電している。陽子 1 個の荷電量を +1 で表す。すると 1 個の電子が持つ荷電量は −1 となる。

原子は原子核にある陽子の個数と電子雲を構成する電子の個数が等しくなっている。そのため原子は全体として中性となる。

原子核を構成する陽子の個数を**原子番号**（Z）といい，陽子と中性子の個数の和を**質量数**（A）という。炭素 C は $Z=6$, $A=12$ であり，6 個の中性子を持っている。A と Z は元素記号に添えて書くこともある（図 1・4）。

陽子：proton
中性子：neutron

● 発展学習 ●
質量数と原子量の関係を調べてみよう。

質量数 A → X をも元素記号という
原子番号 Z X
元素記号

図1・4 元素記号

原子番号が同じで質量数の異なる原子を**同位体**という。炭素には ^{12}C, ^{13}C, ^{14}C の3種の同位体が存在する（**表1・1**）。

表1・1 さまざまな同位体

元素名	水素			炭素			酸素		塩素	
記 号	^{1}H (H)	^{2}H (D)	^{3}H (T)	^{12}C	^{13}C	^{14}C	^{16}O	^{18}O	^{35}Cl	^{37}Cl
陽子数	1	1	1	6	6	6	8	8	17	17
中性子数	0	1	2	6	7	8	8	10	18	20
原子番号	1	1	1	6	6	6	8	8	17	17
質量数	1	2	3	12	13	14	16	18	35	37

1・2 電子殻と収容電子数

水素原子を除けば，全ての原子は複数個の電子を持つ。これらの電子は原子の周りにある電子殻，さらには軌道に入る。

1・2・1 電子殻

原子に属する電子は，原子核の周りに適当に群がっているわけではない。電子は**電子殻**に入る。

電子殻は原子核の周りに層状に存在する球殻状のものである。電子殻には名前がついており，原子核に近いものから順にK殻，L殻，M殻…と，Kから始まるアルファベットの名前がついている。

電子は好きな電子殻に入れるわけではなく，各電子殻には収容しうる最大定員数が決まっている。それはK殻（2個），L殻（8個），M殻（18個）…となっている（**図1・5**）。電子は内側のK殻から順に入っていく。

電子殻の定員は，K殻（2×1^2），L殻（2×2^2），M殻（2×3^2）と，$2 \times n^2$ 個になっている。この整数 n を量子数という。したがってK, L, M殻の量子数はそれぞれ1, 2, 3である。

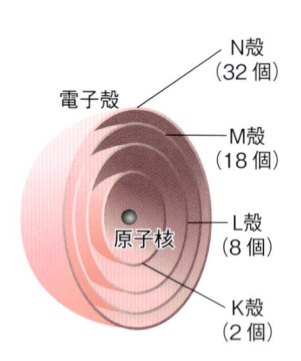

図1・5 電子殻の構造と電子の収容数
電子殻
N殻（32個）
M殻（18個）
L殻（8個）
K殻（2個）
原子核

1・2・2 軌 道

電子殻を詳しく見ると，電子殻はさらに細かく分かれていることがわかる。これを**軌道**という。

軌道にはs軌道，p軌道，d軌道などがあり，それぞれ固有の形をしている。s軌道はお団子状の球形であるが，p軌道は2個のお団子を串に刺したみたらし形となっている。p軌道は3個あり，それぞれは全く同じ形をしているが向きが異なる。すなわち p_x は串が x 軸方向を向いて

○発展学習○
d軌道の形を調べてみよう。

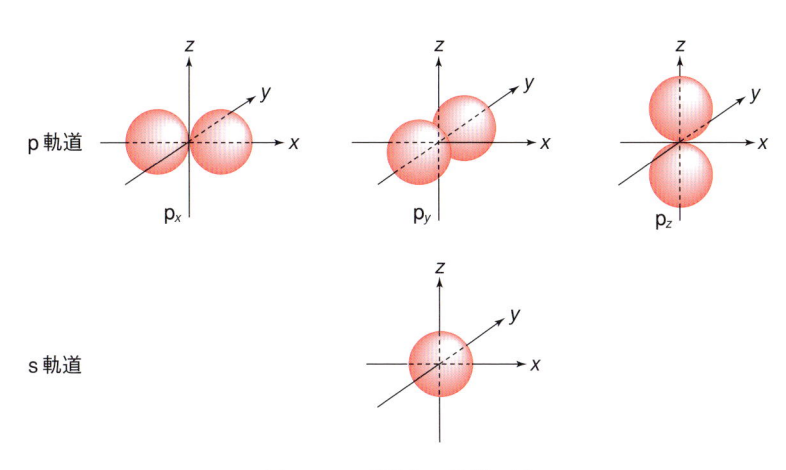

図1・6　s軌道とp軌道の形

いる。p_y, p_zに関しても同様である（図1・6）。

電子殻と同様に軌道にも定員があり，各軌道には最大2個の電子が入ることができる。

1・2・3　電子殻と軌道

K殻は1個のs軌道しか持っていない。しかしL殻は1個のs軌道と3個のp軌道の合計4個の軌道を持っている。M殻になると1個のs軌道，3個のp軌道のほかに5個のd軌道，合計9個の軌道を持つ（図1・7）。

図1・7　電子殻と軌道の数
$$\begin{cases} M殻 & 3s(1個)\ 3p(3個)\ 3d(5個) \\ L殻 & 2s(1個)\ 2p(3個) \\ K殻 & 1s(1個) \end{cases}$$

各軌道の電子の最大定員は2個なので，1個の軌道しかないK殻の定員は2個であるが，4個の軌道を持つL核の定員は8個となり，先にみた電子殻の定員と一致することになる。

s軌道はK殻だけでなく，L殻，M殻にも存在する。そこでK殻のs軌道を1s軌道，L殻のものを2s軌道，M殻のものを3s軌道として区別する。同様にL殻のp軌道は2p軌道，M殻のp軌道は3p軌道と呼ばれる。

軌道の属する電子殻の量子数を前につける。

1・3　電子配置

原子に属する電子は軌道に入る。どの軌道に電子が入っているかを表したものを**電子配置**という。

1・3・1 スピン

電子配置を見る前に電子の大切な性質を一つ見ておこう。それは電子がスピン（自転）しているということである。スピンには右回転と左回転があるが，化学ではそれを上下向きの矢印で表す（図1・8）。ただし，スピン方向と矢印の向きに対応関係はない。違いを表すだけである。

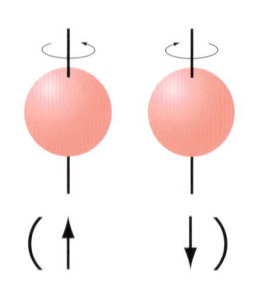

図1・8 電子のスピン

1・3・2 電子配置の約束

電子は好きな軌道に入れるわけではない。軌道に入るための約束がある。それは次のようなものである。

① 電子は 1s 軌道 → 2s 軌道 → 2p 軌道 → 3s 軌道… という順序に入っていく。
② 1個の軌道には最大2個の電子しか入れない。
③ 1個の軌道に2個の電子が入るときにはスピン方向を反対にする。
④ 1個の軌道に2個入った状態より，1個の状態のほうが安定である。

● 発展学習 ●
周期表の第3周期元素の電子配置を調べてみよう。

1・3・3 電子配置の実際

実際の原子の電子配置を見てみよう（図1・9）。

H： 水素の電子は1個なので，約束①に従って1s軌道に入る。
He： ヘリウムは2個の電子がある。したがって，約束①，②に従い2個とも1s軌道に入り，③に従ってスピンを反対にする。これでK殻は満員になった。このような構造を**閉殻構造**といい，特別の安定性を持つ。閉殻構造以外の構造を**開殻構造**という。
Li： 1s軌道が満員になったので，リチウムの3番目の電子は2s軌道に入る。
Be： ベリリウムの4番目の電子は，約束②に従って2s軌道に入る。
B： 2s軌道が満員になったので，ホウ素の5番目の電子は2p軌道に入る。
C： 炭素の6番目の電子は，5番目の電子と同じ軌道に入ることもで

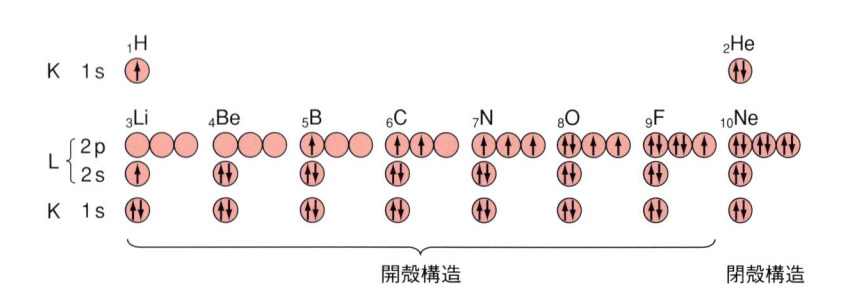

図1・9 H〜Ne の電子配置

きるが，約束④によれば，別のp軌道に1個で入ったほうが安定である。2p軌道は3個なので，炭素の6番目の電子は2個目のp軌道に入る。

N： 窒素の7番目の電子は3個目のp軌道に入る。

O： 3個のp軌道はいずれも1個の電子が入っただけなので，もう1個ずつ入ることができる。そのため，酸素の8番目の電子は7番目の電子と同じp軌道に入る。

F： フッ素の9番目の電子もp軌道に入り，二つのp軌道に2個ずつ入る。

Ne： ネオンの10番目の電子でL殻は満員になり，再び閉殻構造となる。

○発展学習○
遷移元素の電子配置を調べてみよう。

1・4 最外殻電子と電気陰性度

電子配置は原子の性質に大きく影響する。

1・4・1 最外殻電子

電子が入っている電子殻のうち，最も外側のものを最外殻という（図1・10）。水素ではK殻，炭素や酸素ではL殻が最外殻となる。

最外殻に入っている電子を**最外殻電子**，あるいは**価電子**と呼ぶ。価電子は原子の性質のほとんどを決定する。

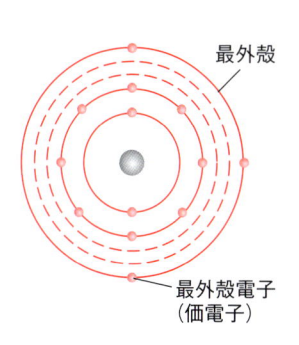

図1・10 最外殻電子（価電子）

1・4・2 イオン

リチウムは最外殻であるL殻に1個の電子を持っている。もし，この電子を放出すると，電子配置はヘリウムと同じ閉殻構造となって安定化する。このため，リチウムは電子1個を放出してリチウム陽イオンLi^+になりやすい（図1・11上）。

フッ素は最外殻に7個の電子を持っている。もし1個増えるとネオンと同じ閉殻構造となる。そのためフッ素は電子1個を受け入れてフッ化物イオンF^-になりやすい（図1・11下）。

このように，最外殻電子は原子の性質を決定する。

1・4・3 不対電子と非共有電子対

最外殻電子のうち，1個の軌道に1個だけ入っている電子を**不対電子**という。一方，1個の軌道に2個入っている電子を**非共有電子対**という（図1・12）。

電子配置を見ると，水素は不対電子を1個，酸素は2個，窒素は3個

非共有電子対は，教科書によってはn軌道（nonbonding orbital）ともいい，また孤立電子対と書かれることもある。

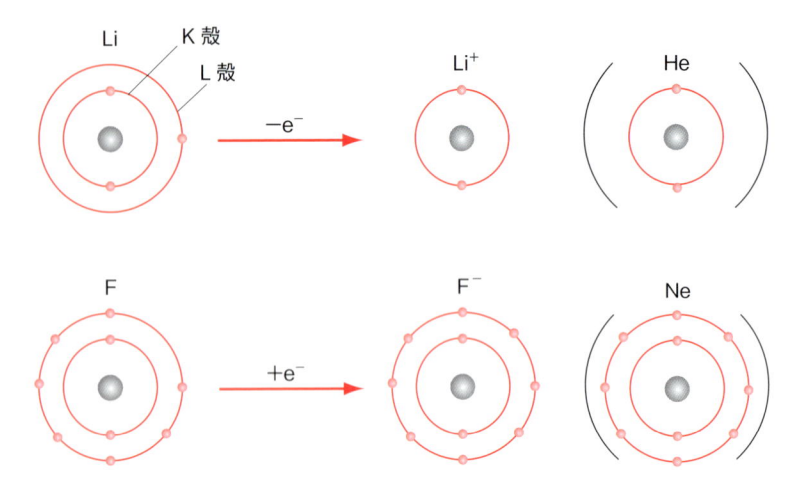

図1・11 リチウム，フッ素のイオン化

持っていることがわかる。また窒素は非共有電子対を1個，酸素は2個，フッ素は3個持っていることがわかる。

不対電子は共有結合を作る電子であり，非共有電子対は原子の反応性に影響する電子対である。

1・4・4 電気陰性度

フッ素は電子を受け入れて陰イオンになろうとする。一方，リチウムは電子を放出して陽イオンになろうとする。これはリチウムよりフッ素のほうが電子を引き付ける度合いが大きいことを意味する。

原子が電子を引き付ける度合いを表した指標を**電気陰性度**という。電気陰性度が大きいほど電子を引き付ける度合いが大きい。図1・13を見ると，周期表の右上に行くほど電気陰性度が大きいことがわかる。

図1・12 不対電子と非共有電子対

H							He
2.1							
Li	Be	B	C	N	O	F	Ne
1.0	1.5	2.0	2.5	3.0	3.5	4.0	
Na	Mg	Al	Si	P	S	Cl	Ar
0.9	1.2	1.5	1.8	2.1	2.5	3.0	
K	Ca	Ga	Ge	As	Se	Br	Kr
0.8	1.0	1.3	1.8	2.0	2.4	2.8	

図1・13 電気陰性度

●この章で学んだ主なこと

- □ **1** 原子は雲でできた球のようなものである。
- □ **2** 雲のように見えるのは電子雲であり，複数個の電子からなる。
- □ **3** 雲の中心には小さく重い原子核がある。
- □ **4** 原子核は陽子と中性子でできている。
- □ **5** 電子は電子殻に入る。電子殻にはK，L，M殻などがある。
- □ **6** 電子殻は軌道からできている。軌道にはs，p，d軌道などがある。
- □ **7** 電子は軌道に入り，その入り方を電子配置という。
- □ **8** 最外殻に入った最外殻電子は原子の性質を支配する。
- □ **9** 原子が電子を引き付ける度合いを表す指標を電気陰性度という。

●演習問題●

1. 原子番号 Z の原子は何個の電子を持つか。
2. 質量数 A，原子番号 Z の原子は何個の中性子を持つか。
3. 電子殻に入ることのできる電子の最大数は $2n^2$ で表される。K，L，M殻に相当する n はそれぞれ幾つか。
4. アルミニウム（原子番号＝13）の電子配置を図示せよ。
5. ベリリウムは2価の陽イオンとなりやすい。理由を説明せよ。
6. 窒素は3価の陰イオンとなりやすい。理由を説明せよ。
7. O^{2-} は何組の非共有電子対を持つか。
8. N，C，F，O，H，Cl を，電気陰性度の大きい順に不等号をつけて並べよ。

第Ⅰ部　原子と結合

第2章

共有結合

● 本章で学ぶこと

　有機化合物は主に共有結合でできている。共有結合とは原子の間で結合電子を共有することによって生じる結合である。

　共有結合を生成する炭素原子は，もともと持っている s 軌道，p 軌道などを再編成して混成軌道を生成する。sp^3 混成軌道は単結合を生じ，sp^2 混成軌道は二重結合，sp 混成軌道は三重結合を生じる。また，単結合と二重結合が交互に並んだ結合を共役二重結合と呼ぶ。共役二重結合を持った化合物は特有の物性と反応性を持つ。

　本章ではこのようなことを見ていこう。

2・1　σ結合とπ結合

　有機化合物のほとんど全ては共有結合でできている。ここでは共有結合にはどのような種類があるかを見てみよう。

2・1・1　共 有 結 合

　共有結合の最も簡単な例は水素分子の結合である。水素原子から水素分子ができる過程を見てみよう（図2・1）。

　2個の水素原子が近づくと互いのs軌道が重なり，もっと近づくとs軌道は消失し，代わりに2個の水素原子核を取り巻く新たな軌道ができる。水素原子に属していた2個の電子はこの軌道に入り，**結合電子**と呼ばれることになる。

　2個の結合電子は主に2個の原子核の間に存在する。そのため，プラスに荷電した原子核と結合電子の間に静電引力が働き，結果的に2個の原子核は引き付けあうことになる。すなわち，結合電子が糊の働きをしているのである。このような結合を**共有結合**という。

> 2個のシャボン玉が融合して1個の大きなシャボン玉になる過程を思い出すとイメージできるかもしれない。

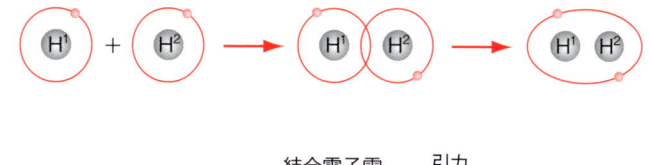

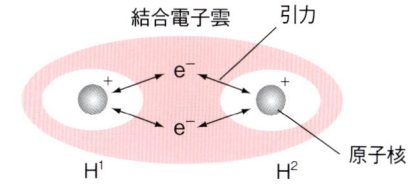

図2・1 水素分子の共有結合

表2・1 共有結合の種類

種類		混成	例
σ結合	単結合	sp³	H₃C—CH₃
σ結合 / π結合	二重結合	sp²	H₂C=CH₂
σ結合 / π結合	共役二重結合	sp²	H₂C=CH—CH=CH₂
σ結合 / π結合	三重結合	sp	HC≡CH

2・1・2 共有結合の種類

共有結合には2種類の基本的な結合がある。それを **σ(シグマ) 結合**, **π(パイ) 結合** という。そして,それが組み合わさって単結合,二重結合,三重結合などができる(表2・1)。

p軌道の結合を例にとってσ結合,π結合を見てみよう。

A σ結合

先にp軌道をみたらしにたとえた。2本のみたらしが互いに突き刺しあうように重なる結合がσ結合である。

結合している2個の原子を結ぶ線を結合軸と呼ぶ。σ結合の結合電子雲は紡錘形なので,結合軸の周りにねじっても(回転しても)変化はない。これをσ結合は回転可能と表現する(図2・2)。

B π結合

お皿に並べた2本のみたらしは互いに横腹を接してくっつく。このような結合をπ結合という。

π結合は結合軸の上下2か所で接合するので,結合電子雲も2か所に生じる。π結合している原子を結合軸の周りで回転すると,p軌道の横腹は離れ,π結合は切断される。このためπ結合は回転できない(図2・3)。これはσ結合と比べてπ結合の大きな特徴である。

σ結合はp軌道の重なりが大きく,π結合は小さい。そのため,σ結合はπ結合より強固である。

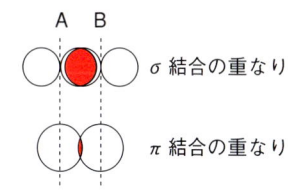

図2・2 σ結合

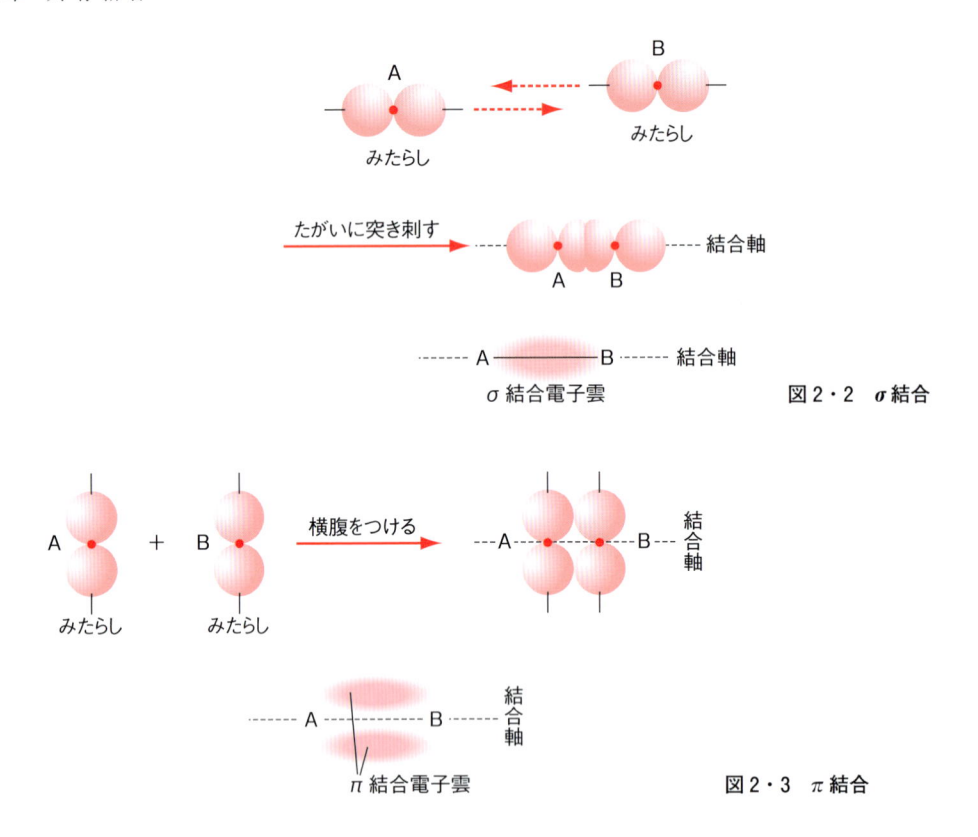

図2・3 π結合

2・2 混成軌道

共有結合するとき，炭素は混成軌道を使う。

2・2・1 共有結合と不対電子数

共有結合は，結合する2個の原子が互いに1個ずつの電子を出し合い，それを結合電子として共有することによって成り立つ結合である。そのため，共有結合をするためには不対電子が必要である。また，不対電子を2個持つ原子は2本の共有結合を作ることができることになる。

いくつかの原子の電子配置，不対電子数，可能な共有結合の本数を表2・2に示した。

2・2・2 炭素の不対電子数

電子配置によれば，炭素原子は不対電子を2個しか持っていない。それにもかかわらず，炭素の可能な共有結合本数は4本となっている。これはなぜだろう。

それは炭素がs軌道，p軌道を混ぜ合わせて4個の**混成軌道**を作り，それぞれの混成軌道に電子を1個ずつ入れて4個の不対電子を作るから

● 発展学習 ●
水 H_2O，アンモニア NH_3 の結合状態と，O，N の混成状態を調べてみよう。

表 2・2 いくつかの元素の電子配置と不対電子数，共有結合本数

原 子	H	C	N	O	F
電子配置	↑	↑↑↑ ↑↓ ↑↓	↑↑↑ ↑↓ ↑↓	↑↓↑↑ ↑↓ ↑↓	↑↓↑↓↑ ↑↓ ↑↓
不対電子個数	1	2	3	2	1
共有結合本数	1	4	3	2	1

である。この混成軌道を sp³ 混成軌道という（図 2・4）。混成軌道にはそのほかに sp² 混成軌道，sp 混成軌道がある。

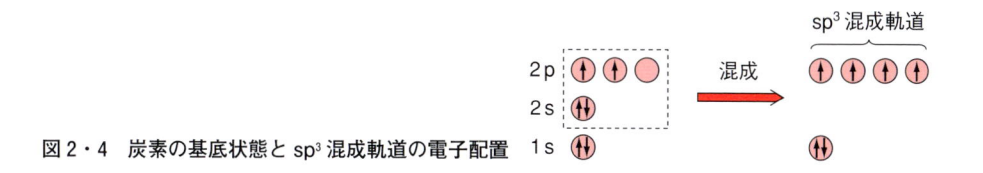

図 2・4 炭素の基底状態と sp³ 混成軌道の電子配置

2・2・3 混成軌道

混成軌道とは 2 種類の軌道を混ぜ合わせて作った新しい軌道のことをいう。1 個の s 軌道と 1 個の p 軌道からできる混成軌道の例を見てみよう（図 2・5）。

s 軌道と p 軌道を混ぜ，改めて 2 個の軌道を作る。このようにしてできた軌道を sp 混成軌道という。2 個の混成軌道は同じ形をしている。この様子は豚肉ハンバーグと牛肉ハンバーグを混ぜて合挽きハンバーグを作るようなものである。ハンバーグの大きさは一定だから，2 個の原料ハンバーグからは 2 個の混成ハンバーグ，3 個の原料ハンバーグからは 3 個の混成ハンバーグができることになる。混成ハンバーグの形はどれも等しい。

> 混成軌動が作る σ 結合の重なりは，s, p 軌道が作るものより大きい。そのため混成軌道を用いた結合はより強くなる。

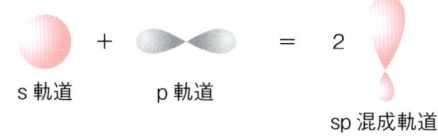

図 2・5 sp 混成軌道のできかた

2・3 sp³ 混成軌道と単結合

sp³ 混成軌道は**単結合**を作る混成軌道であり，sp³ 混成の炭素が作る典型的な化合物はメタンである。

図2・6 sp³混成軌道のできかた

2・3・1 sp³ 混成軌道

1個のs軌道と3個のp軌道からできる4個の混成軌道をsp³混成軌道という（図2・6）。sp³の3はp軌道が"3個"関与しているという意味である。

4個の混成軌道は互いに109.5°の角度で交わる。したがって各軌道の頂点を結ぶと正四面体形となる（図2・7）。4個の混成軌道には1個ずつの電子が入り，4個の不対電子となる。

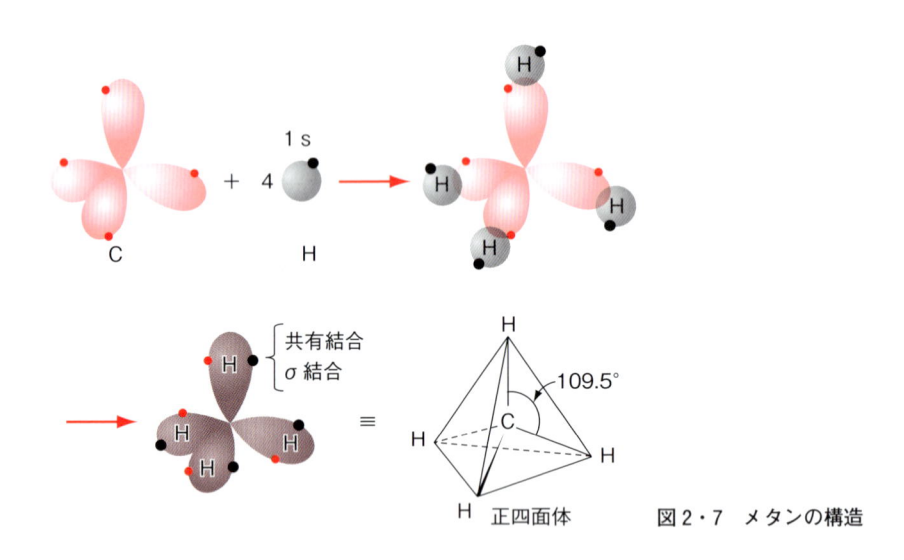

図2・7 メタンの構造

2・3・2 メタン

4個のsp³混成軌道の各々に水素の1s軌道が重なると炭素と水素の間に共有結合ができる。このようにしてできた分子をメタンCH_4という（図2・7）。各々の結合電子雲は結合軸上に存在するので結合回転が可能である。したがってC-H結合はσ結合である。

メタンの形は波消しブロックのテトラポッドに似ている。4個の水素を結ぶと正四面体となる。

2・3・3 エタン

sp³混成炭素に3個の水素が結合したものをメチル基という。メチル基は不対電子を1個持っているので新たに1本の共有結合を作ることが

2・4 sp² 混成軌道と二重結合

図2・8 エタンのできかた　メチル基　エタン

できる。したがって2個のメチル基は互いに結合することができる。このようにしてできた分子 CH₃–CH₃ をエタンという (図2・8)。

エタンの C–C 結合は σ 結合であり，回転できる。回転させると2個の炭素についた水素が互いに重なる形 (重なり形) と斜かいになる形 (ねじれ形) がある。

この様子をわかりやすく表す方法に**ニューマン投影図**がある (図2・9)。ニューマン投影図において中央の円は炭素原子を表す。水素から伸びている結合のうち，根元が見える結合は手前の炭素についている結合であり，円で隠されている結合は奥の炭素についている結合である。

重なり形とねじれ形を互いに**回転異性体**ということがある。

○ 発展学習 ○
ブタン CH₃CH₂–CH₂CH₃ の中央 C–C 結合の回転の様子をニューマン投影図で表してみよう。

回転異性体は配座異性体ともいう。

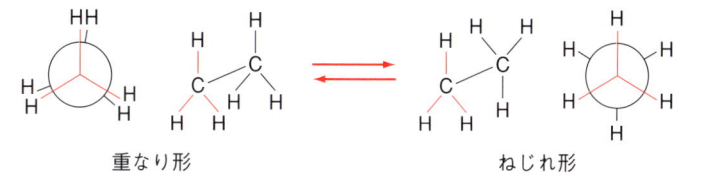

図2・9 エタンの構造 (ニューマン投影図)　重なり形　ねじれ形

2・4　sp² 混成軌道と二重結合

sp² 混成は二重結合を作る混成状態である。二重結合を含む最も簡単な有機化合物はエチレンである。

2・4・1　sp² 混成軌道

sp² 混成軌道は1個の s 軌道と2個の p 軌道からできたもので，全部で3個ある。3個の軌道は一平面上に並び，互いに 120° の角度で交わっている。

sp² 混成状態の炭素で大切なのは，混成に関係しなかった軌道である。3個ある p 軌道のうち，混成に関与したのは2個だけである。したがって残り1個の軌道は p 軌道のまま残っている。この軌道は混成軌道の乗る平面を垂直に突き刺すように出ている (図2・10)。

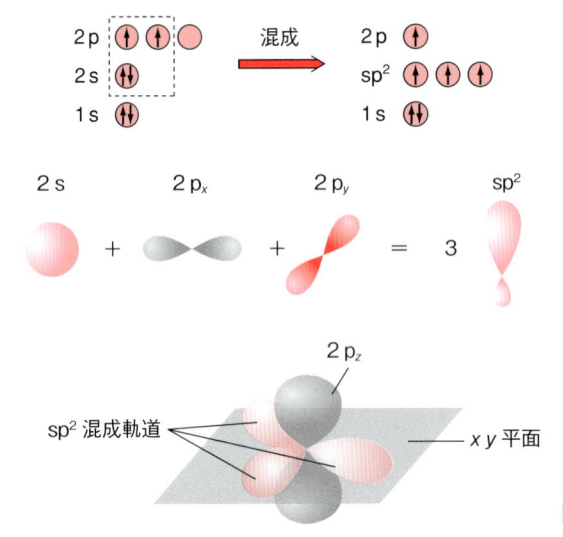

図 2・10 sp² 混成軌道のできかた

2・4・2 エチレンの結合状態

エチレン $H_2C=CH_2$ の結合状態は，σ 結合と π 結合に分けて考えるとわかりやすい。

A　σ 骨格

エチレンの 2 個の炭素は sp² 混成状態である。エチレンを構成する 6 個の原子は，図 2・11 に示したように一平面上に配置し，互いの間に σ 結合を構成する。この結合はエチレン分子のいわば骨格になるので，σ 骨格ということがある。この図からわかるように，全ての結合角は sp² 混成軌道の角度に等しく，基本的に 120° である。

B　π 結合

図 2・12 上はエチレン炭素に残っている p 軌道を表したものである。簡単のため，σ 結合は直線で表してある。

2 個の p 軌道は互いに平行なので，π 結合を構成することができる。

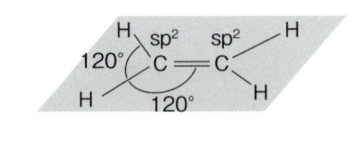

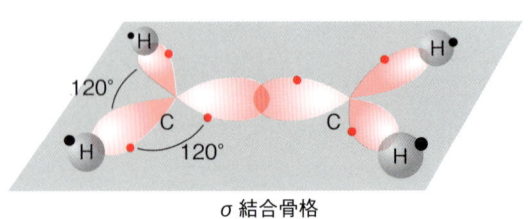

σ 結合骨格　　　　　　　　図 2・11　エチレンの σ 結合

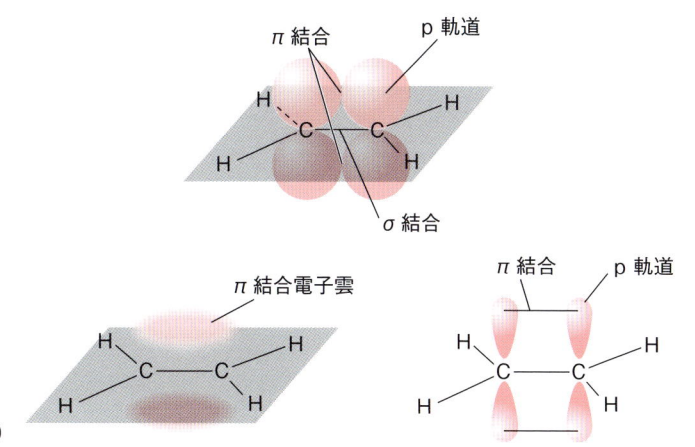

図2・12 エチレンのπ結合（二重結合）

この結果，エチレンの炭素はσ結合とπ結合とで二重に結合することになる。そのため，この結合を**二重結合**というのである。

なお，二重結合の結合状態は普通，図2・12右下のようにp軌道を細身に描き，それを直線で結んで表す。

2・4・3 シス・トランス異性

二重結合はσ結合とπ結合による結合であり，π結合は回転できない。そのため，二重結合も回転不可能である。その結果，化合物 XYC=CXY には，同じ置換基が同じ側にきた**シス体**と，反対側にきた**トランス体**という**異性体**が存在することになる（図2・13）。

● 発展学習 ●
シス・トランス異性と $E \cdot Z$ 異性の関係を調べてみよう。

図2・13 シス・トランス異性体　　シス体　　　トランス体

2・5　sp混成軌道と三重結合

sp混成は三重結合を作る混成状態である。三重結合を含む最も簡単な有機化合物はアセチレンである。

2・5・1　sp混成軌道

sp混成軌道は1個ずつのs軌道とp軌道からできたもので，全部で2個ある。2個の軌道は，一直線上に互いに反対方向を向いて存在する。

sp混成状態の炭素では，混成に関与したp軌道は1個だけである。したがって2個の軌道はp軌道のまま残っている。これらの軌道は混

● 発展学習 ●
C≡N 三重結合の様子とNの混成状態を調べてみよう。

s 軌道　　　p 軌道　　　　sp 混成軌道

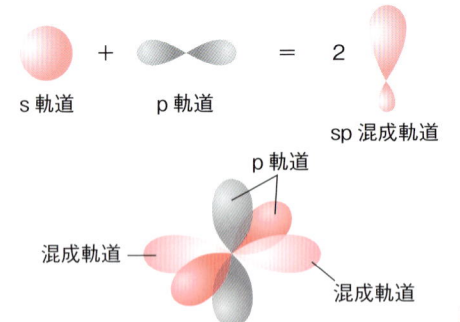

図 2・14　sp 混成軌道のできかた

成軌道の作る直線に互いに直交するように存在する（**図 2・14**）。

2・5・2　アセチレンの結合状態

アセチレン HC≡CH の結合状態を σ 結合と π 結合に分けて見てみよう。

A　σ 骨格

アセチレンの 2 個の sp 混成炭素と水素原子は一直線状に並んで結合する。したがってアセチレンは直線状の分子である（**図 2・15**）。

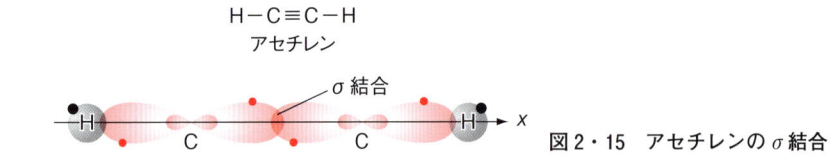

アセチレンはカーバイド CaC_2 に水を作用させると発生する。
$CaC_2 + H_2O \rightarrow CaO + C_2H_2$

H−C≡C−H
アセチレン

図 2・15　アセチレンの σ 結合

B　π 結合

図 2・16 はアセチレン炭素に残っている p 軌道を表したものである。簡単のため，σ 結合は直線で表してある。

2 個の炭素上の p 軌道は，エチレンの場合と同様に互いに平行になって π 結合を作ることができる。アセチレンにはこのような p 軌道が二組あるので，π 結合も 2 本できることになる。そして 2 本の π 結合は互いに 90° の角度で交わることになる。

しかし，2 本の π 結合の電子雲は互いに流れよって融合するので，円筒状の電子雲になる（**図 2・17**）。

アセチレンの C≡C 結合は，このように 1 本の σ 結合と 2 本の π 結合とで三重に結合するので**三重結合**といわれる。

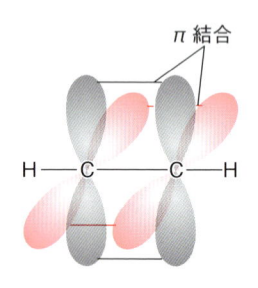

図 2・16　アセチレンの π 結合

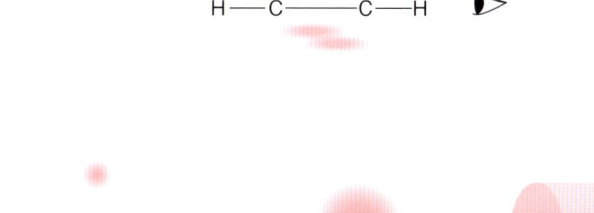

図2・17 アセチレンのπ結合電子雲

2・6 共役二重結合

単結合と二重結合が交互に並んだ結合を**共役二重結合**という。

2・6・1 1,3-ブタジエンの構造式

1,3-ブタジエン $H_2C=CH-CH=CH_2$ は構造式 A で表されるように，C_1-C_2，C_3-C_4 間は二重結合であり，C_2-C_3 間は単結合である。この結果，4個の炭素は全て sp^2 混成であり，したがって，C_1〜C_4 の各炭素上には1個ずつの p 軌道が存在する。

A   B

図 2・18 はこの p 軌道を表したものである。4個の p 軌道は平行に並んでいるので，互いに横腹を接して π 結合を構成することができる。すなわち，C_1-C_2，C_3-C_4 間だけでなく，C_2-C_3 間にも一部の π 結合が存在するのである。したがって，C_2-C_3 間を単結合とした構造式 A は間違いである。

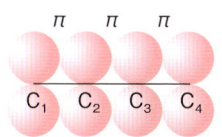

図 2・18 1,3-ブタジエンの p 軌道

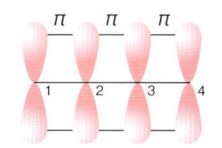

2・6・2 ブタジエンの結合

構造式 B は π 結合を正確に表したものである。全ての炭素の間に π 結合があることを反映して，全ての炭素が二重結合で結合しているかの

H₂C=CH−CH=CH−CH₃ は共役二重結合であるが, H₂C=CH−CH₂−CH=CH₂ は共役二重結合ではない。

⌬ は共役二重結合であるが,

(cyclohexadiene) は共役二重結合ではない。

ように見える。

構造式 B の炭素の結合の本数を数えてみよう。C₁ は 2 個の水素と σ 結合し，隣りの炭素と二重結合しているから全部で 4 本である。C₂ ではどうだろうか。両隣りの炭素と二重結合しているから合わせて 4 本である。そして 1 個の水素と結合しているので全部で 5 本である。

これはおかしい。炭素の結合の最大数は 4 本であるはずである。

2・6・3 共役二重結合

1,3-ブタジエンの構造は構造式 A でも B でも表すことはできないのである。

1 本の π 結合を構成する p 軌道の個数を数えてみよう。エチレンでは 2 個の p 軌道から 1 本の π 結合ができていた。しかしブタジエンでは 4 個の p 軌道で 3 本の π 結合を作っている。すなわち，1 本の π 結合を作る p 軌道は 4/3 個なのである。これはいわば水増し π 結合である（表 2・3）。

H₂C≑CH≑CH≑CH₂
 1.7   1.6   1.7
 重   重   重
 結   結   結
 合   合   合

図 2・19 1,3-ブタジエンの二重結合性

表 2・3 1,3-ブタジエンの p 軌道数と π 結合数

	p 軌道数	π 軌道数	p/π	相対強度
エチレン	2	1	2	1
ブタジエン	4	3	4/3	2/3
ベンゼン	6	6	1	1/2

このように，ブタジエンの π 結合は 1 本の π 結合と数えるには弱すぎるのである。この結果，ブタジエンの二重結合はエチレンの二重結合より弱く，反対にブタジエンの単結合は π 結合が関与している分だけ二重結合性を帯びていることになる（図 2・19）。

このように共役二重結合では，二重結合は単結合性を帯び，単結合は二重結合性を帯びているのである。このような結合の典型的な例はベンゼンであり，ベンゼンの全ての C–C 結合は 1.5 重結合とでもいうような状態になっている（図 2・20）。

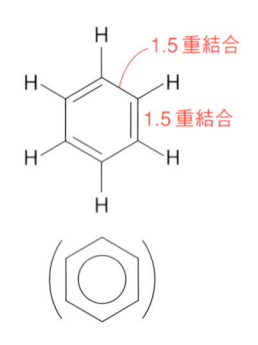

図 2・20 ベンゼンの共役二重結合

● この章で学んだ主なこと

☐ 1 共有結合は二つの原子が結合電子を共有することによって生じる。

☐ 2 共有結合をする原子は互いに不対電子を提供しあう。

☐ 3 共有結合には σ 結合と π 結合があり，それらが組み合わさって単結合，二重結合，三重結合を作る。

☐ 4 σ 結合は回転可能であり，π 結合は回転不可能である。

- □ 5 　炭素は結合するとき混成軌道を使う。
- □ 6 　sp³ 混成軌道は単結合を作る。結合角は 109.5° であり，代表化合物はメタンである。
- □ 7 　sp² 混成軌道は二重結合を作る。結合角は 120° であり，代表化合物はエチレンである。
- □ 8 　sp 混成軌道は三重結合を作る。結合角は 180° であり，代表化合物はアセチレンである。
- □ 9 　共役二重結合の二重結合は単結合性を帯び，単結合は二重結合性を帯びている。代表化合物はブタジエンとベンゼンである。

● 演 習 問 題 ●

1 　σ 結合と π 結合の相違点を三つあげて説明せよ。
2 　π 結合はなぜ回転できないか，適当な図を用いて説明せよ。
3 　炭素はなぜ 4 本の共有結合を作ることができるのか説明せよ。
4 　sp³ 混成，sp² 混成，sp 混成，それぞれを構成する軌道の種類と個数を答えよ。
5 　sp³ 混成，sp² 混成，sp 混成，それぞれの結合角はいくつか。
6 　sp³ 混成，sp² 混成，sp 混成はそれぞれどのような結合を作るか。
7 　エチレンの結合状態を適当な図を用いて説明せよ。
8 　アセチレンの結合を適当な図を用いて説明せよ。
9 　エチレン誘導体にシス・トランス異性体が存在するのはなぜか。
10 　1,3-ブタジエンの C-C 結合がほぼ 5/3 重結合とみなされるのはなぜか。
11 　ベンゼンの結合が 1.5 重結合とみなされるのはなぜか。

第Ⅱ部　有機化合物の構造

第3章

有機化合物の構造と命名

●本章で学ぶこと

　化合物を構成する原子がどのような順序で結合しているかを表した式を構造式という。全ての有機化合物は固有の構造式を持っている。

　同時に全ての有機化合物は固有の名前を持っている。有機化合物の名前の付け方は命名法で決められている。命名法に従えば，構造式と名前は厳密に1：1に対応する。すなわち，構造式が決まれば名前が決まり，反対に名前がわかれば構造式もわかる。有機化合物の名前は，化合物を構成する炭素原子の個数を元にして決められる。

　本章ではこのようなことを見ていこう。

3・1　構造式の書き方

　構造式は，化合物を構成する原子がどのような順序で結合しているかを表したものである。しかし，その表記法にはいくつかの種類がある。

3・1・1　炭化水素の構造式

　炭素と水素だけからできた化合物を炭化水素という。炭化水素で最も簡単なものはメタン CH_4 である。メタンは第2章で見たように，4個の水素が互いに109.5°の角度で交わった正四面体の構造であるが，構造式では，炭素から4本の直線を出し，その先に水素をつけた平面的な構造で表記する。

　エタン CH_3-CH_3 は，メタンと同様の表記法に従えば表3・1のカラム1に示したようになる。

3・1・2　簡略な構造式

　炭化水素の炭素が増え，大きな分子になるとカラム1の書き方では労

表3・1　有機化合物の構造表記

分子式	構造式 カラム1	構造式 カラム2	構造式 カラム3
CH_4	H–CH₃構造	CH_4	
C_2H_6	H–C₂H₅構造	CH_3-CH_3	
C_3H_8	H–C₃H₇構造	$CH_3-CH_2-CH_3$	/\
C_4H_{10}	n-ブタン構造	$CH_3-CH_2-CH_2-CH_3$ $CH_3-(CH_2)_2-CH_3$	/\/
	イソブタン構造	$CH_3-CH-CH_3$ 　　　CH_3	Y字型
C_2H_4	H₂C=CH₂構造	$H_2C=CH_2$	=
C_3H_6	シクロプロパン構造	CH_2 CH_2-CH_2	△
	プロペン構造	$H_2C=CH-CH_3$	/=
C_6H_6	ベンゼン構造(ケクレ)	ベンゼン構造(CH表記)	ベンゼン環

力が大変になるし，また，複雑で見にくくなる。

　そこで，カラム2のような書き方が使われる。ここでは炭素1個ごとに，その炭素に結合している水素と共に CH_3, CH_2 というような単位として表す。また CH_2 単位が n 個連続するときにはまとめて $(CH_2)_n$ として表す。これでスッキリして見やすい構造式になる。

3・1・3 直線による表記

しかし,複雑な化合物ではカラム2の表記法でも煩雑で見にくくなる。そこで用いられるのがカラム3のような直線による表記法である。

この表記法には簡単な約束がある。すなわち,
① 直線の両端と屈曲位には炭素が存在する。
② 炭素には必要にして十分な個数の水素が結合している。
③ 二重結合,三重結合はそれぞれ二重線,三重線で表す。

以上の約束を守るとどのような結合も直線構造式で表すことができ,かつ,直線構造式からカラム1の構造式を導き出すことができる。

実際に有機化合物の構造式は,多くの場合,直線構造式で表される。本書でも,特に理由がない限り,直線構造式を用いることにする。

3・2 置換基の種類

有機化合物の構造は基質部分と置換基部分に分けて考えると便利である。

3・2・1 アルキル基

● 発展学習 ●
アルキル基にはどのようなものがあるか調べてみよう。

有機化合物の種類は膨大なものになる。このような有機化合物を整理するときに便利なのが,0・3節で見た**置換基**の考え方である。置換基はいわば分子の顔である。人形の胴体についている顔を変えると人形が大きく変わるように,化合物も置換基を変えると物性,反応性が大きく変わる。

メチル基は−Meと書くこともあり,エチル基は−Et,−C₂H₅と書くこともある。

置換基にはいくつかの種類があるが,大きく分けると**アルキル基**と**官能基**になる(表3・2)。アルキル基は炭素,水素だけからでき,不飽和結合を含まないものである。アルキル基の主なものにメチル基 −CH₃ とエチル基 −CH₂CH₃ がある。

アルキル基をRで表すこともある。

3・2・2 官能基

● 発展学習 ●
硫黄Sを含む官能基にはどのようなものがあるか調べてみよう。

炭素と水素だけからできているが不飽和結合を含む置換基,および炭素,水素以外の原子を含む置換基を**官能基**という。

ハロゲン元素F, Cl, Br, IなどをXで表すことがある。

官能基はそれを持っている分子の性質に大きく影響し,同じ置換基を持つ化合物は基質の種類にかかわらず同じような性質を持つ。そのため,ヒドロキシ基 −OH を持っている化合物は一般にアルコール類と呼ばれるように,同じ置換基を持つ化合物は同じ一般名で呼ばれることが多い。

表 3・2　アルキル基と官能基

置換基	名称	一般式	一般名	例	
アルキル基 −CH₃	メチル基			CH₃−OH	メタノール
−CH₂CH₃	エチル基			CH₃−CH₂−OH	エタノール
−CH(CH₃)₂	イソプロピル基			(CH₃)₂CH−OH	イソプロパノール
官能基 −C₆H₅*	フェニル基	R−C₆H₅	芳香族	CH₃−C₆H₅	トルエン
−CH=CH₂	ビニル基	R−CH=CH₂	ビニル化合物	CH₃−CH=CH₂	プロピレン
−OH	ヒドロキシ基	R−OH	アルコール フェノール	CH₃−OH C₆H₅−OH	メタノール フェノール
>C=O	カルボニル基	R₂C=O	ケトン	(CH₃)₂C=O (C₆H₅)₂C=O	アセトン ベンゾフェノン
−CHO	ホルミル基	R−CHO	アルデヒド	CH₃−CHO C₆H₅−CHO	アセトアルデヒド ベンズアルデヒド
−COOH	カルボキシル基	R−COOH	カルボン酸	CH₃−COOH C₆H₅−COOH	酢酸 安息香酸
−NH₂	アミノ基	R−NH₂	アミン	CH₃−NH₂ C₆H₅−NH₂	メチルアミン アニリン
−NO₂	ニトロ基	R−NO₂	ニトロ化合物	CH₃−NO₂ C₆H₅−NO₂	ニトロメタン ニトロベンゼン
−CN	ニトリル基（シアノ基）	R−CN	ニトリル化合物	CH₃−CN C₆H₅−CN	アセトニトリル ベンゾニトリル

＊フェニル基は −C₆H₅ で表されることも多い。この場合トルエン（メチルベンゼン）は CH₃−C₆H₅ となる。

3・2・3　置換基効果

置換基には，基質部分に電子を送りこむ電子供与性置換基と，基質から電子を引き出す電子求引性置換基がある。基質がアルカンの場合，アルキル基は電子供与性置換基として働き，官能基は電子求引性置換基として働く。

○発展学習○
電子供与性置換基，電子求引性置換基にはどのようなものがあるか調べてみよう。

3・3 飽和炭化水素の構造と名前

有機化合物の名前は命名法に従って機械的に定められる。ここでは最も基本的な飽和炭化水素の構造と名前の関係を見てみよう。

3・3・1 数詞

有機化合物の命名は IUPAC 命名法という規則に従って命名される。その命名法は，分子に含まれる炭素原子の個数に従って名前を決めるものである。すなわち，個数を表すギリシャ語（一部ラテン語）の数詞を名前の基本部分にするのである。ここで，命名法に使われる数詞を見ておこう（表3・3）。

1：モノレールはレールが1（モノ）本という意味である。
2：バイリンガルは2（バイ，ビ）か国語を話せることである。
3：トリオは3（トリ）重奏である。
4：波消しブロックのテトラポッドは脚が4（テトラ）本ある。
5：米国防総省をペンタゴンというのは建物の平面図が5（ペンタ）角形だからである。
6：昆虫をヘキサポッドというのは脚が6（ヘキサ）本だからである。
7：陸上競技では7（ヘプタ）種競技をヘプタスロンという。
8：タコをオクタパスというのは脚が8（オクタ）本だからである。
9：10^{-9} m をナノメートルというのは9（ノナ）の逆数だからノナを逆にしてナノにしたのである。
多数：ギリシャの昔，多数（ポリ）のポリス（都市国家）があった。

10を数詞のデカと結び付けるのは苦しいが，デカ（刑事）はジュウ（銃）を持つという語呂あわせで覚えては…

表3・3 飽和炭化水素の名称

	数詞	名前	構造	
1	mono モノ	methane メタン	CH_4	慣用名
2	di ジ；bi ビ	ethane エタン	CH_3CH_3	
3	tri トリ	propane プロパン	$CH_3CH_2CH_3$	
4	tetra テトラ	butane ブタン	$CH_3(CH_2)_2CH_3$	
5	penta ペンタ	pentane ペンタン	$CH_3(CH_2)_3CH_3$	IUPAC名
6	hexa ヘキサ	hexane ヘキサン	$CH_3(CH_2)_4CH_3$	
7	hepta ヘプタ	heptane ヘプタン	$CH_3(CH_2)_5CH_3$	
8	octa オクタ	octane オクタン	$CH_3(CH_2)_6CH_3$	
9	nona ノナ	nonane ノナン	$CH_3(CH_2)_7CH_3$	
10	deca デカ	decane デカン	$CH_3(CH_2)_8CH_3$	
多数	poly ポリ			

3・3・2 飽和炭化水素の命名法

直鎖状飽和炭化水素をアルカンという。アルカンの命名法は下のようである。

① 分子を構成する炭素原子の個数の数詞の語尾に ne を付ける。

表3・3に構造式，炭素数，名前を示した。例えば分子 $CH_3-(CH_2)_3-CH_3$ は，炭素数が5個だから数詞 penta + ne = pentane ペンタンとなる。

3・3・3 慣 用 名

炭素数1〜4の分子は IUPAC 命名法が制定される前から一般的な分子であり，固有の名前で呼ばれていたので，その名前を残すことにした。このような名前を慣用名という。ベンゼン，トルエンなども慣用名である。

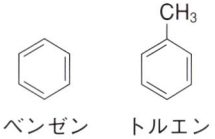

ベンゼン　トルエン

● 発展学習 ●
慣用名で呼ばれる分子にはほかにどのようなものがあるか調べてみよう。

3・4 置換基を持つ飽和炭化水素

飽和炭化水素にはアルキル基を持つものや，環状のものがある。このような化合物の名前がどうなるかを，メチル基を例にとって見てみよう。

3・4・1 メチル基を持つ直鎖飽和炭化水素

メチル基を持つ直鎖飽和炭化水素の命名法は次の通りである。
① 最も長い炭素鎖の名前を基本名とする。
② 最長炭素鎖の炭素に端から番号を付ける。その際，メチル基の位置の番号をできるだけ小さくする。
③ 番号 + メチル + 基本名を名前とする。ただし，番号の後ろにハイフン (-) を入れ，"メチル"と"基本名"は連続させる。

図3・1上の例では，最長炭素鎖の炭素数は6個なので基本名はヘキサ

$$CH_3-CH_2-\underset{\underset{CH_3}{|}}{CH}-CH_2-CH_2-CH_3$$

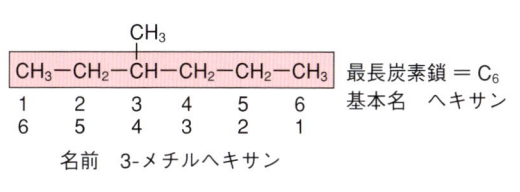

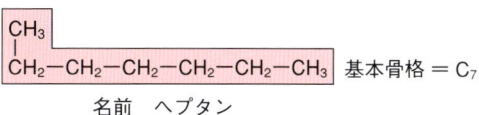

　　1　2　3　4　5　6　　最長炭素鎖 = C_6
　　6　5　4　3　2　1　　基本名　ヘキサン
　　　　名前　3-メチルヘキサン

$$\underset{\underset{CH_2-CH_2-CH_2-CH_2-CH_2-CH_3}{|}}{CH_3}$$

　　　　　　　　　　　　基本骨格 = C_7
　　　　名前　ヘプタン

図3・1　メチル基を持つ飽和炭化水素　（最長炭素鎖は C_7 であり，左上の CH_3 は置換基ではない）

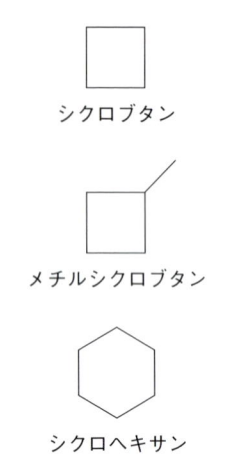

36 ● 第3章　有機化合物の構造と命名

ンとなる。炭素鎖に左から番号を付けるとメチル基の付いた炭素は3番となり，右から付けると4番となる。したがって3番を採用する。以上から，この分子の名前は3-メチルヘキサンとなる。

3・4・2　環状飽和炭化水素

環状の飽和炭化水素の命名法は以下の通りである。
① 環構成炭素の個数が等しい直鎖炭化水素の名前を基本名とする。
② 基本名の前にシクロ（環状の意味）を付ける。

図3・2上の分子は炭素が4個なので，慣用名のブタンの前にシクロを付けてシクロブタンとなる。また，シクロブタンにメチル基が付いたものはメチルシクロブタンとなる。位置を指定する番号は不要である。

シクロブタン

メチルシクロブタン

シクロヘキサン

図3・2　環状飽和炭化水素

3・5　不飽和結合を含む炭化水素

二重結合，三重結合を含む炭化水素の命名法を見てみよう。

3・5・1　アルケンの命名法

二重結合を1個だけ含む炭化水素をアルケンという。アルケンの命名法は以下の通りである。
① 最長炭素鎖を探し，炭素数の等しいアルカンの名前を基本名とする。
② 基本名の語尾の ane を ene に代える。
③ 炭素鎖に番号をつけ，二重結合を作る2個の炭素番号を決める。できるだけ小さい番号にし，2個の番号のうち，小さいほうを採用する。
④ 番号＋基本名とする。番号の後ろにハイフンを付ける。

例では炭素数が5個なので，基本名は pentane である。語尾の ane を ene に代えると pentene ペンテンとなる。番号は左からつけると二重結合炭素の番号は2, 3となるので，2を採用する。以上から名前は2-ペンテンとなる。

● 発展学習 ●
二重結合を2個，3個含む炭化水素をそれぞれ何というか調べてみよう。

$$CH_3-CH=CH-CH_2-CH_3$$
　　1　2　3　4　5
　　5　4　3　2　1

最長炭素数 ＝ C_5
基本名：pentane ➡ pentene
位置：2
名前：2-ペンテン

$$CH_2=CH-CH_2-CH_2-CH_3$$
名前：1-ペンテン

3・5・2　シクロアルケンの命名法

環状のアルケンをシクロアルケンという。シクロアルケンは炭素数の等しいアルケンの名前の前にシクロを付ける。

下例では，左図は炭素数3個なので，シクロプロパンの語尾を ene に代えてシクロプロペンとなる。右図は炭素数6個なので，シクロヘキサンの語尾を ene に代えてシクロヘキセンとなる。

シクロプロペン　　　シクロヘキセン

3・5・3　アルキンの命名法

アルキンの命名法は，語尾を ane から yne に代えるほかはアルケンの命名法と同じである。シクロアルキンの命名法もシクロアルケンと同様である。

$CH_3-C≡C-CH_2-CH_3$　　　$H-C≡C-CH_2-CH_2-CH_3$
2-ペンチン（2-pentyne）　　　1-ペンチン

● この章で学んだ主なこと

- □1　構造式には簡略化したものがある。
- □2　炭素，水素が単結合してできた置換基をアルキル基という。
- □3　不飽和結合を含む置換基，および，炭素，水素以外の原子を含む置換基を官能基という。
- □4　官能基が等しい分子は似た性質を持つ。
- □5　アルカンの名前は，炭素数の個数を表す数詞に ane を付ける。
- □6　環状飽和炭化水素（シクロアルカン）の名前は，アルカンの名前の前にシクロを付ける。
- □7　アルケンの名前は，相当するアルカンの語尾の ane を ene に代え，二重結合の位置を表す番号をつける。
- □8　アルキンの命名法は，語尾を yne に代えるほかはアルケンと同様である。

● 演 習 問 題 ●

1　次の置換基の名前を答えよ。

a) CO_2H　　b) NO_2　　c) CN

2　次の置換基の構造を書け。

a) カルボニル基　　b) ホルミル基　　c) アミノ基

3 次の置換基を持つ化合物の一般名を書け。
 a) OH   b) NO$_2$ c) CO$_2$H   d) CHO   e) NH$_2$

4 次の化合物が持つ官能基の名前と構造を書け。
 a) ニトリル化合物   b) アミン   c) アルデヒド   d) カルボン酸

5 次の分子に名前を付けよ。
 a) CH$_3$CH$_2$CH(CH$_3$)CH$_2$CH$_2$CH$_2$CH$_3$
 b) CH$_3$CH$_2$CH=CHCH$_2$CH$_2$CH$_2$CH$_3$
 c) ⬡   d) ⬠

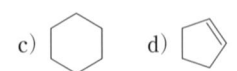

6 次の分子の構造式を書け。
 a) オクタン   b) 3-メチルノナン   c) 4-オクテン   d) シクロヘプタン
 e) シクロペンテン   f) 3-ヘプチン   g) シクロノニン

7 慣用名で呼ばれる分子5個の慣用名と構造式を書け。

8 次の化合物のうち，不飽和結合を持つものはどれか。
 a) プロペン   b) ベンゼン   c) オクテン   d) ペンタン
 e) シクロプロペン   f) トルエン   g) アセトン   h) メチルアミン
 i) イソプロパノール   j) アニリン

第Ⅱ部 有機化合物の構造

第4章

異性体

● 本章で学ぶこと

　分子式は同じだが構造式の異なるものを互いに異性体という。異性体の個数は，分子を構成する炭素の個数が増えると共に飛躍的に増大する。有機化合物の種類が多いのは，異性体の個数が多いことが大きな原因の一つである。
　異性体には置換基の位置による異性，環の大きさによる異性，シス・トランス異性，結合回転による異性，光学異性など，多くの種類がある。
　本章ではこのような異性現象について見ていこう。

4・1 異性体

異性現象とはどのようなものかを見てみよう。

4・1・1 分子式 C_nH_{2n+2} の異性体

　分子式 C_nH_{2n+2} の分子はアルカンである。アルカンにはどのような**異性体**が存在するか見てみよう。

A　C1〜C3

　炭素数1個から3個までのアルカンでは，構造式はそれぞれ1個しか書くことができない。したがって原子の結合順序が異なる異性体は存在しない。

B　C4, C5, C6

　炭素数が4個になると1と2の2種類の構造式を書くことができる。すなわち2種類の異性体が存在するのである。炭素数が5個になると3, 4, 5の3種類となり，6個となると6, 7, 8, 9, 10の5種類の異性体が存在する。
　このように，炭素数が増えると異性体の種類数もネズミ算的に多くな

C_4H_{10}　　CH₃-CH₂-CH₂-CH₃　　　　CH₃-CH(CH₃)-CH₃
　　　　　　　　　1　　　　　　　　　　　　2

C_5H_{12}　　CH₃-CH₂-CH₂-CH₂-CH₃　　CH₃-CH(CH₃)-CH₂-CH₃　　CH₃-C(CH₃)₂-CH₃
　　　　　　　　　3　　　　　　　　　　　　4　　　　　　　　　　　　5

C_6H_{14}　　CH₃-CH₂-CH₂-CH₂-CH₂-CH₃　　CH₃-CH(CH₃)-CH₂-CH₂-CH₃
　　　　　　　　　6　　　　　　　　　　　　　　7

　　　　　　CH₃-CH₂-CH(CH₃)-CH₂-CH₃　　CH₃-CH(CH₃)-CH(CH₃)-CH₃　　CH₃-C(CH₃)₂-CH₂-CH₃
　　　　　　　　　8　　　　　　　　　　　　9　　　　　　　　　　　　　10

る。すなわち，炭素数が10個では異性体の個数は75個となり，15個では4347個，20個ではなんと366319個となるのである。

4・1・2　分子式 C_nH_{2n} の異性体

　分子式 C_nH_{2n} の分子はアルケンあるいはシクロアルカンである。

A　C1, C2

　分子式 CH₂ の安定な分子は存在しないし，C_2H_4 はエチレンしかない。したがってこれらには異性体は存在しない。

B　C3, C4

　3個の炭素からなる化合物では2個の異性体が存在する。アルケンの**1**とシクロアルカンの**2**である。

　C4では5個の異性体が存在する。**3**と**4**は二重結合の位置の違いによる異性である。**5**は基本鎖が炭素数3個である。**6**は四員環であり，**7**は三員環である。

　異性体の種類がどのように多いか，想像できるのではなかろうか。

実は**4**には2種類の異性体があるので，C_4H_8 の異性体の個数は全部で6個になるのだが，それについては4・3節で見ることにする。

C_3H_6　　CH₂=CH-CH₃　　　　　H₂C-CH₂（シクロプロパン、三員環）
　　　　　　　1　　　　　　　　　　　2

C_4H_8　　CH₂=CH-CH₂-CH₃　　CH₃-CH=CH-CH₃　　CH₂=C(CH₃)-CH₃
　　　　　　　3　　　　　　　　　4　　　　　　　　5

　　　　　（シクロブタン）　　　　（メチルシクロプロパン）
　　　　　　　6　　　　　　　　　7

4・2 結合回転による異性

σ結合は回転が可能である。このような異性を**回転異性**あるいは**配座異性**という。

4・2・1 重なり形とねじれ形

先に，エタンではC–C結合の回転に伴ってねじれ形と重なり形の異性体が生じることを見た。両者を比較すると，重なり形では両方の炭素に付いた水素同士が距離的に近くなるため，その立体反発エネルギーにより，重なり形はねじれ形より高エネルギーの不安定型となる。

エタンでC–C結合を回転すると，立体反発のある高エネルギーの重なり形と，低エネルギーのねじれ形が周期的に現れる。図4・1はこのエネルギー関係を表したものである。両者のエネルギー差は小さいので，両者を別の物質として分離することはできない。しかし，自由回転といわれるσ結合周りの回転も実はスムースな回転ではなく，いわばカチッ・カチッというような回転であることが理解できる。

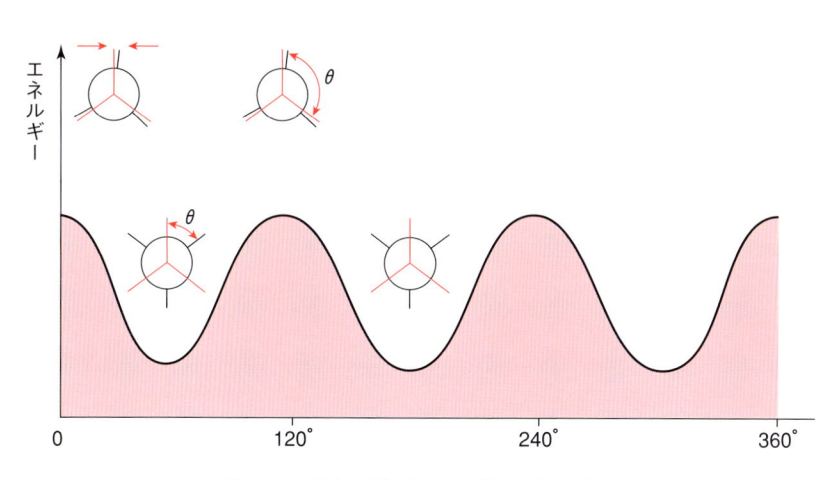

図4・1 重なり形とねじれ形のエネルギー

4・2・2 いす形と舟形

環状化合物の結合が回転すると，複雑な現象が起こる。シクロヘキサン C_6H_{10} の炭素は sp^3 混成であるため，分子構造は平面形ではない。

A 炭素骨格

シクロヘキサンの形を見やすくするため，炭素だけの構造を示した（図4・2）。一つの形は**1**で示したもので，その形が安楽いすに似ていることから**いす形**といわれる。**1**の C_1 を上に向けると C_1–C_2, C_1–C_6 結合が回転して**2**になる。これは**舟形**といわれる。**2**の C_4 を下に向けると**3**

シクロブタンの炭素骨格も平面ではない。極端に描くと下図のように曲がっている。

● 発展学習 ●
シクロペンタンの炭素骨格の形を調べてみよう。可能なら，分子モデルで確かめよう。

42 ● 第4章 異性体

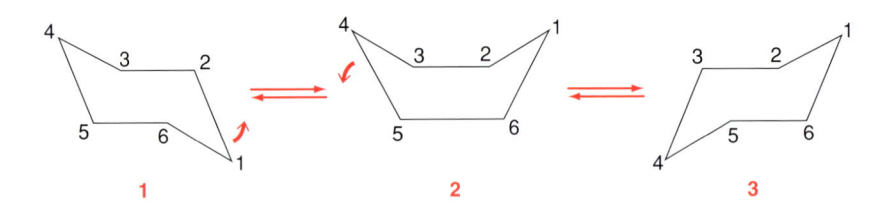

図4・2 シクロヘキサンの構造（いす形と舟形）

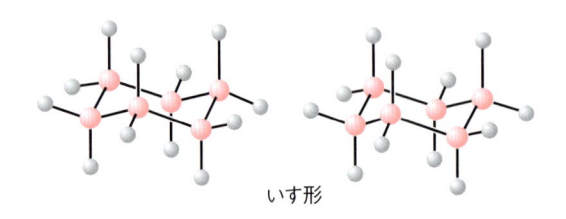

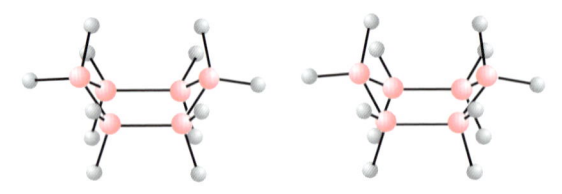

図4・3 シクロヘキサンのいす形・舟形の3D立体図

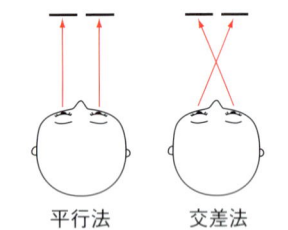

3D図の見方には平行法と交差法の二通りがある。一般に（化学系の）書籍で用いるのは平行法である。平行法で描いた図を交差法で見ると前後関係が逆になる。

になるが，**3** は **1** を逆向きにしたもので，やはりいす形である。

図4・3に両者を3D立体図で示した。

B　水素の方向

図4・4の **1'**, **2'**, **3'** は図4・2の **1**, **2**, **3** に水素を付けたものである。**1'** には H_a と H_e の2種類の水素があることがわかる。**1_a''**, **1_e''** にそれぞれの水素のみを示した。**1_a''** に付いた水素 H_a は，シクロヘキサンの環を地球に見立てると地軸 (axis) の方向に出るのでアキシアル水素といわれる。それに対して **1_e''** についた H_e は，赤道方向 (equatorial) なのでエクアトリアル水素といわれる。

図では **1'** において H_a だった水素を太線で示した。**2'** を見ると C_1, C_2, C_6 では H_e が太線になっている。これは C_1-C_2, C_1-C_6 結合の回転に伴って水素の位置も反転し，それまでアキシアル方向を向いていた水素がエクアトリアル方向を向き，反対にエクアトリアル方向を向いていた水素がアキシアル方向を向くようになった結果である。**2** から **3** への変化においても同様のことが見られる。

このように，アキシアル，エクアトリアル水素は固定したものではなく，C-C 結合の回転に伴って相互に変化する。なお，いす形と舟形では，いす形 **2'** における C_1 と C_4 のアキシアル水素の間の立体反発の結果，い

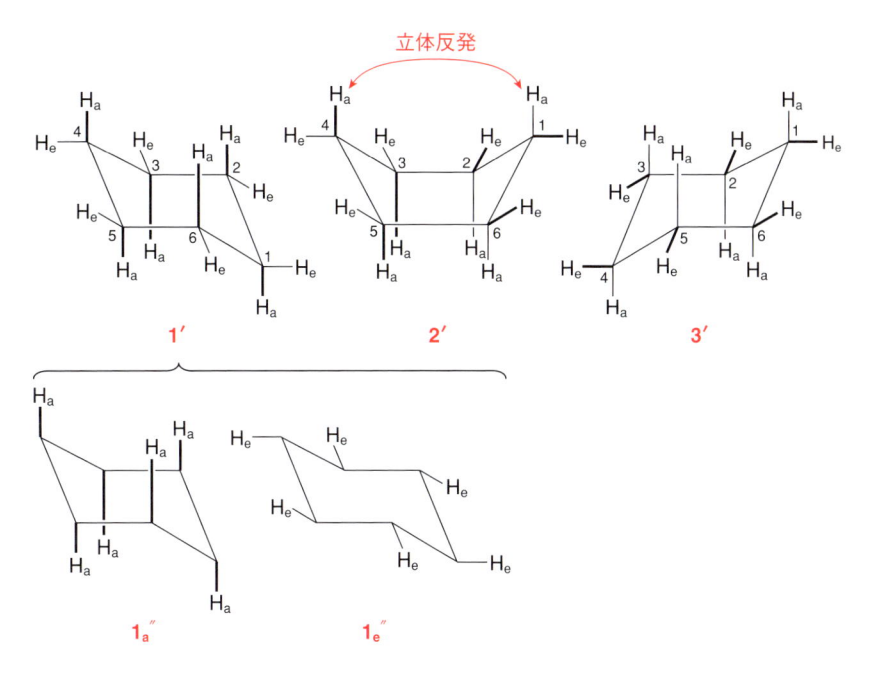

図 4・4　シクロヘキサンにおける立体反発

す形のほうが安定型である。

4・3　シス・トランス異性

並んだ 2 個の置換基の位置や立体配置に伴う異性現象がある。

4・3・1　二 重 結 合

エチレン $H_2C=CH_2$ の異性体 $XHC=CHX$ の構造には **A**, **B** の二つがある (図 4・5)。**A** では置換基 X が二重結合の同じ側にあり、**B** では反対側にある。**A** を一般に**シス形**, **B** を**トランス形**といい, **A**, **B** を互いに**シス・トランス異性**という。

先に見たように, 二重結合は回転ができないので **A** と **B** は全く異なる物質である。しかし、一般に置換基の間の立体反発があるシス形がエネルギー的に不安定である。そのため、十分な高温にまで加熱した場合には、二重結合の π 結合が切断されて残った σ 結合が回転し、トランス形に転位することがある。反対にトランス形がシス形に変化することは一般にはない。

4・1・2 項でみた **4** には **4a**, **4b** の異性体が存在したのである。

4a　シス体

4b　トランス体

4・3・2　環 状 化 合 物

図 4・6 に示したシクロプロパン誘導体は、並んだ位置に 2 個の置換基

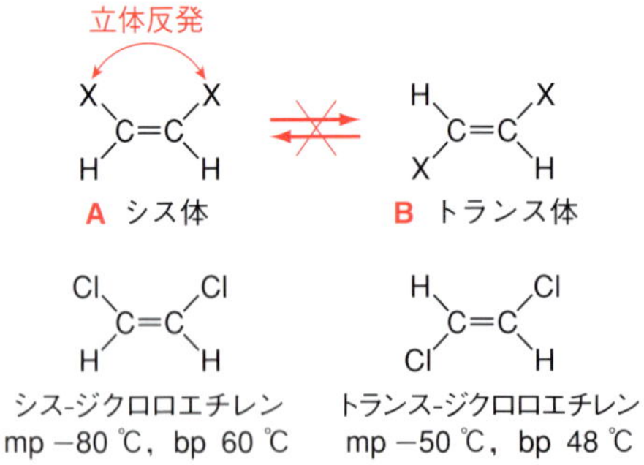

図 4・5 エチレンのシス・トランス異性
A シス体
B トランス体
立体反発

シス-ジクロロエチレン
mp −80 ℃, bp 60 ℃

トランス-ジクロロエチレン
mp −50 ℃, bp 48 ℃

(mp：融点, bp：沸点)

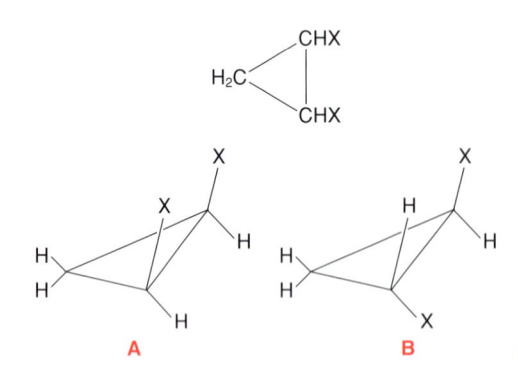

図 4・6 シクロプロパンのシス・トランス異性

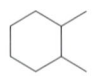

X を持っている。この化合物を立体的に描くと，A, B の 2 種類があることがわかる。

A は X が三員環の同じ側にあるのでシス形，B は反対側にあるのでトランス形という。二重結合におけるシス，トランス異性と同様に，A と B とは全く異なる化合物である。

なお，B は実は 2 種類の化合物の混ざったものであるが，それについては次節で見ることにしよう。

● 発展学習 ●
1,2-ジメチルシクロヘキサンのシス・トランス異性体のそれぞれを立体的に描いてみよう。

4・4　不斉炭素と光学異性

右手を鏡に映すと左手と同じに見え，左手を鏡に映すと右手と同じに見える。分子にもこのような関係のものが存在する。

4・4・1　光 学 異 性 体

図 4・7 の化合物 CWXYZ は，炭素 C に互いに異なる 4 種の置換基 WXYZ が結合したものである。

図は，化合物 CWXYZ を立体的に描いたものである。A, B の 2 種類が描いてある。どちらも分子式は CWXYZ である。しかし，A と B を

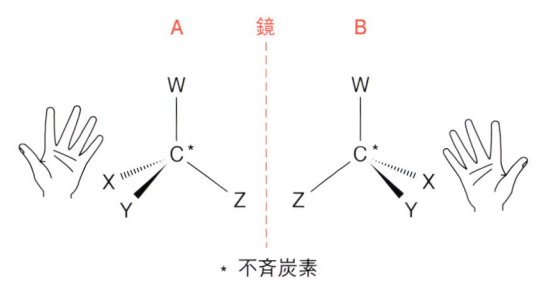

図 4・7 光学異性体　　＊不斉炭素

どのように回転しても互いに重ね合わせることはできない。すなわち，AとBは互いに異性体である。

　AとBは右手と左手の関係と同様に，互いに鏡像の関係にある。このような異性を**鏡像異性**あるいは**光学異性**と呼ぶ。光学異性は，一つの炭素に互いに異なる4種の置換基が付いた場合に生じる現象である。このような炭素を特に**不斉炭素**と呼び，＊を付けて示すことがある。

　光学異性体は，化学的性質は互いに全く等しい。そのため，光学異性体の混合物を化学的手段で分離することはできない。しかし，光学的性質（旋光性）と生物に対する性質（生理活性）は大きく異なる。

光学異性体の混合物を分離することをラセミ分離という（ラセミ体に関しては 4・4・2 項を参照）。

4・4・2　旋 光 性

光学異性体の大きな特色は偏光を回転させることである。

偏光

　光は電波と同じ電磁波であり，振動面を持っている。普通の光はいろいろの振動面を持った光の混合物である。しかしこのような光をスリットに通すと，振動面の同じ光だけを選り分けることができる。このような光を**偏光**という（図 4・8）。

●発展学習●
偏光を利用している例を探してみよう。

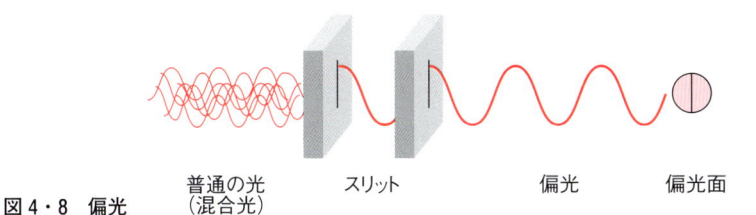

図 4・8　偏光　　普通の光（混合光）　スリット　偏光　偏光面

旋光性（図 4・9）

　光学異性体 A，B の片方 A に偏光を入射すると，透過光の振動面は右側に α 度ねじられる。この現象を**旋光**，1 M 濃度の溶液の示す角度 α を**比旋光度**，偏光をねじる能力を**旋光能**という。旋光能を持った物質を**光学活性**であるという。一方，A の光学異性体 B に偏光を通すと，A とは

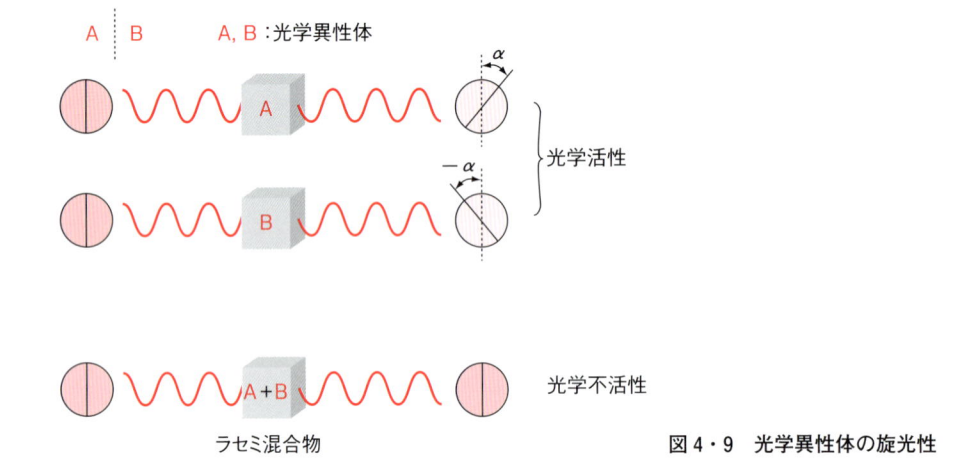

図4・9 光学異性体の旋光性

逆に左側にα度だけねじられる。したがってBも光学活性である。

AとBの1:1混合物に偏光を通したらどうなるだろうか？ 互いに反対方向にねじるので，結果として偏光はねじられず，振動面はそのままである。このような物質を特に**ラセミ体**（ラセミ混合物）という。ラセミ体は旋光能を失い，光学不活性である。

4・4・3 不斉炭素を持たない光学異性体

不斉炭素を持たない光学異性体もある。4・3節で見たシクロプロパン誘導体Bを見てみよう。

図4・10は，Bに相当する化合物 B_a と B_b を鏡を挟んで対比したものである。B_a と B_b は互いに鏡像の関係にあり，しかも，どのように回転しても重ね合わせることはできない。つまり，B_a と B_b は互いに異なる物質であり，鏡像異性体（光学異性体）なのである。

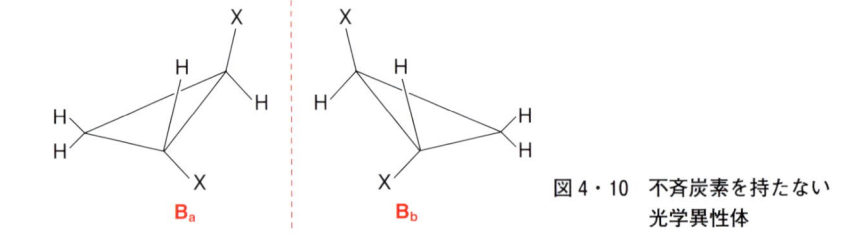

図4・10 不斉炭素を持たない光学異性体

4・4・4 生理活性

図4・11に示したAとBは互いに光学異性体である。したがって化学的性質は互いに等しい。しかし，生物に対する作用は極端に異なる。この化合物は，かつてサリドマイドという名前で睡眠薬として市販さ

図 4・11　サリドマイドの光学異性体　A　　B

れたものである。しかし，妊娠初期の女性が服用すると胎児に重篤な奇形が生じ，サリドマイド症候群として社会問題となった。

これは，それぞれ鏡像体である A と B で，A には催眠効果があったが，B は催奇形性を持っていたためである。このように，光学異性体は化学的性質は等しいが，生理学的性質は全く異なる。

サリドマイドの光学異性体 A，B は，体内で相互変化することが知られている。したがって，たとえ A だけを服用しても一部は体内で B に変化してしまう。

4・5　不斉炭素を 2 個持つ異性体

化合物に含まれる不斉炭素は 1 個とは限らない。2 個含まれた場合にはいろいろの組み合わせが生じる。

4・5・1　フィッシャー投影式

複数個の炭素を含む化合物の構造を示すときには，**フィッシャー投影式**を用いる。この表示法では，紙面の奥に向かって伸びる結合を上下に書き，紙面から飛び出す結合を左右に書く。

図 4・12 はメタン誘導体とエタン誘導体の例である。構造の立体関係が完全に表示されていることが確認できる。

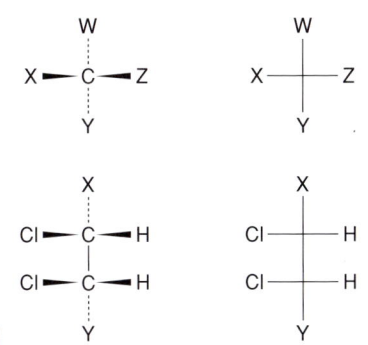

図 4・12　メタン誘導体とエタン誘導体のフィッシャー投影図

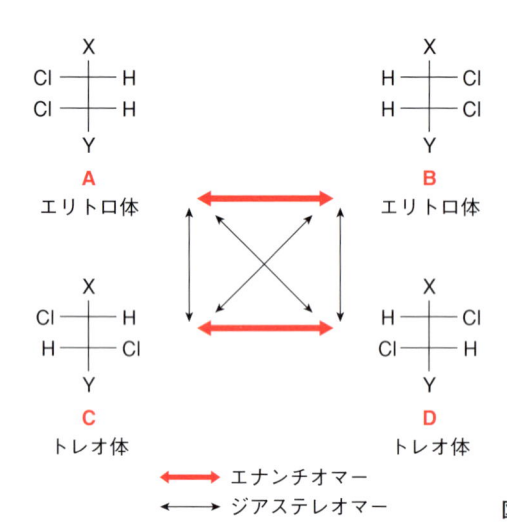

図4・13 エタン誘導体のエリトロ・トレオ異性体

4・5・2 エリトロ・トレオ

エタン誘導体 XHClC－CClHX には，図4・12に示したように2個の不斉炭素があるので，その組み合わせによって4種の異性体が存在する（**図4・13**）。

分子 **A** では，2個の Cl 原子が揃って分子の左側にあり，**B** では右側にある。このように，同じ置換基（原子）が分子の同じ側にあるものを**エリトロ体**という。それに対して **C**, **D** では反対側にある。このようなものを**トレオ体**と呼ぶ。

4・5・3 エナンチオマー・ジアステレオマー

分子 **A** と **B** は，互いに鏡に映すと同じになるので光学異性体である。光学異性体を**エナンチオマー**と呼ぶ。分子 **C** と **D** も光学異性体なので互いにエナンチオマーである。

それに対して **A** と **C**, あるいは **D** は光学異性体ではない。このように，異性体ではあるが光学異性体ではないものを互いに**ジアステレオマー**と呼ぶ。**B** と **C**, あるいは **D** との関係もジアステレオマーである。以上の関係を**図4・13**に示した。

● この章で学んだ主なこと

- □ 1　分子式は等しくて構造式の異なるものを互いに異性体という。
- □ 2　σ結合の回転に伴う異性体を回転異性体あるいは配座異性体という。
- □ 3　回転異性体には置換基の立体反発によって，低エネルギー型と高エネルギー型がある。
- □ 4　シクロヘキサンの回転異性体には低エネルギーのいす形と高エネルギーの舟形がある。

☐ 5 シクロヘキサンの水素にはアキシアル水素とエクアトリアル水素がある。
☐ 6 二重結合に2個の同じ置換基が付いた場合には，シス形とトランス形の異性体ができる。
☐ 7 環状化合物の並んだ炭素上に2個の同じ置換基が付いた場合には，シス形とトランス形の異性体ができる。
☐ 8 4個の互いに異なる置換基の付いた炭素を不斉炭素という。
☐ 9 不斉炭素を1個持つ化合物には一組の光学異性体が存在する。
☐ 10 光学異性体は互いに化学的性質は等しいが，光学的性質，生理活性は異なる。
☐ 11 一組の光学異性体は，偏光を互いに逆向きに回転させる。これを旋光能といい，この能力を持つものを光学活性という。
☐ 12 一組の光学異性体の1：1混合物をラセミ体という。ラセミ体は光学不活性である。
☐ 13 2個の不斉炭素を持つ化合物には4個の異性体が存在し，それぞれの間に，エナンチオマー，ジアステレオマーの関係が生じる。

● 演習問題 ●

1　分子式 C_4H_6 の異性体の構造式を5個示せ。

2　エチレンの誘導体 $C_2H_2Br_2$ の異性体の構造式を全て示せ。

3　アミノ酸は，一つの炭素に置換基 R，水素 H，カルボキシル基 $-CO_2H$，アミノ基 $-NH_2$ が付いたものである。異性体の構造式を立体的に示せ。

4　次の化合物の光学異性体の構造式を示せ。

```
X         X
 \       ⫻
  >=·—
 /       \
Y         Y
```

5　△(CH₃)(CH₃) の異性体すべての構造式を示せ。

6　a) シクロヘキサンのいす形におけるアキシアル水素を書け。
　　b) シクロヘキサンのいす形におけるエクアトリアル水素を書け。

7　CWXYZ を例にとって光学活性体とラセミ体の違いを述べよ。

8　次の化合物をエリトロ体とトレオ体に分けよ。

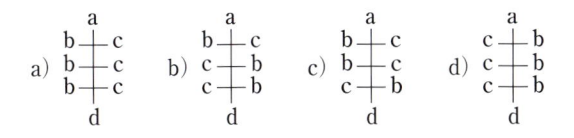

```
       a            a            a            a
    b─┼─c        b─┼─c        b─┼─c        c─┼─b
a) b─┼─c     b) c─┼─b     c) b─┼─c     d) c─┼─b
    b─┼─c        c─┼─b        c─┼─b        c─┼─b
       d            d            d            d
```

9　A群とB群の語句のうち，該当するもの同士を線で結べ。

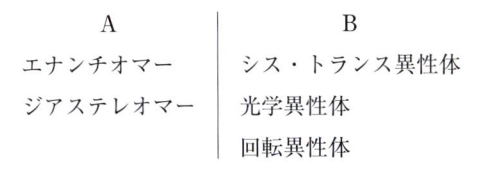

A	B
エナンチオマー	シス・トランス異性体
ジアステレオマー	光学異性体
	回転異性体

第 II 部　有機化合物の構造

第 5 章

芳香族化合物

● 本章で学ぶこと

芳香族という名前は，元は香りの良いもの（芳香）という意味で付けられたものであろうが，現在では芳香族と芳香は全く関係がない。研究室にある化合物で最悪の匂いともいえるピリジンが芳香族化合物であることからもそれはわかる。

芳香族は独特の構造と反応性をもち，研究の面からも，工業的な面からも非常に重要なものである。

ここでは，これら芳香族の構造について見ていこう。

5・1　ベンゼンの構造

芳香族の典型的な例はベンゼンである。ベンゼンの結合と構造を見てみよう。

5・1・1　ベンゼンの形

芳香族化合物：aromatic compound
芳香：aroma

最も代表的な芳香族化合物はベンゼン C_6H_6 である。ベンゼンは 6 個の炭素が環状に結合し，それぞれの炭素には 1 個ずつの水素が結合している。

ベンゼンの構造は図 5・1 に示した通りである。6 個の炭素は全て sp^2 混成である。したがって，全ての原子は同一平面上にあり，∠CCC はすべて 120°となり，炭素環は完全な六角形となる。そして，炭素をつなぐ結合は一つおきに単結合と二重結合が連続しており，共役二重結合（2・6 節参照）となっている。

図 5・1　ベンゼン環の構造

5・1・2　C-C 結合

ベンゼンを構成する 6 個の炭素を，結合の手の本数が満足するように

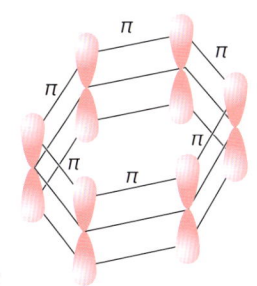

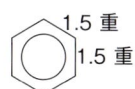

図 5・2　ベンゼン環の共役二重結合

結ぶと，一つおきに単結合と二重結合が連続する共役二重結合となる。
　しかし先に見たように，共役二重結合では全ての炭素上にある p 軌道が接触することから，全ての炭素間にπ結合が形成される。その結果，ベンゼン環を構成する全ての C–C 結合は等しく，単結合と二重結合の中間状態となっている。
　したがって，ベンゼン環を構成する 6 本の C–C 結合は全て等しく，1.5 重結合とでもいうべき結合となっている。このような状態を表すため，ベンゼンの構造式は六角形の中に円を描いたもので表されることも多い（図 5・2）。

5・2　芳香族性

　芳香族化合物は他の有機化合物とは異なった物性や反応性を示す。芳香族化合物が示すこのような特別な性質を**芳香族性**という。

5・2・1　物性と反応性

　芳香族化合物の物性として最も顕著なものは，"安定であり，反応しにくい"というものである。
　一般に二重結合は酸化反応や還元反応を行い，分解や異性化を行いやすい。その意味で不安定といえる。しかし，芳香族の骨格は安定であり，そのような変化を受けにくい。
　芳香族のもう一つの性質の"反応不活性"は"安定性"を言い換えたものである。芳香族の骨格は安定である。そのため，芳香族はその骨格を変化させまいとする。その結果，骨格を変化させるような反応を行いにくくなる。このことは後に第 10 章で見るように，芳香族は置換反応は行うが，付加反応，脱離反応は行わない，という結果になる（図 5・3）。

5・2・2　$(4n+2)\pi$ 電子構造

　芳香族化合物はベンゼンだけではない。それでは，ある化合物が芳香

● 発展学習 ●
反芳香族にはどのようなものがあり，その物性はどのようであるか調べてみよう。

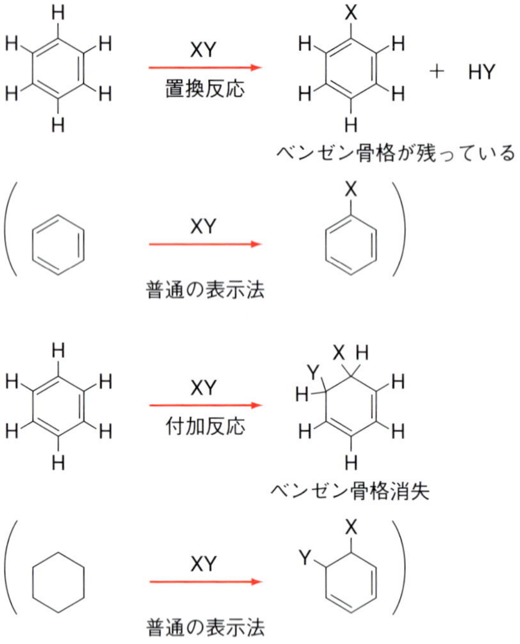

図5・3　芳香族化合物の置換反応と付加反応

族なのかどうかを判定するにはどうすればよいであろうか？ 5・1節で見た"安定で反応しにくい"だけでは漠然として，判定基準としては不十分である。

芳香族であるかどうかの判定基準として認められているものに，ヒュッケルの **(4n+2) π則** というものがある。

ベンゼン環は形式的に3個のπ結合を持っていると考えることができる。そして1本のπ結合は2個のπ電子を持っている。したがってベンゼンは，環全体で6個（$(4n+2)$個，$n=1$）のπ電子を持っている。このように，環状共役化合物で環内に $(4n+2)$ 個のπ電子を持っている化合物は芳香族性を持っていることがわかる。これをヒュッケルの $(4n+2)$ π則という（図5・4）。

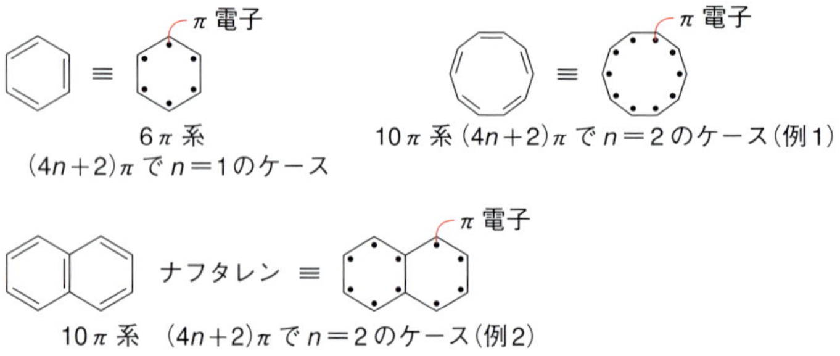

6π系
$(4n+2)π$ で $n=1$ のケース

10π系 $(4n+2)π$ で $n=2$ のケース（例1）

ナフタレン
10π系　$(4n+2)π$ で $n=2$ のケース（例2）

図5・4　ヒュッケルの $(4n+2)$ π則の例

5・3 ベンゼン誘導体

芳香族の典型はベンゼンである。しかし，ベンゼンにもいろいろの誘導体がある。

5・3・1 多環式芳香族

芳香族はベンゼンのように，環構造が1個だけのものとは限らない。例えばナフタレンはベンゼン環が2個縮環したものであり，アントラセンは3個縮環したものである。しかし，3個のベンゼン環が縮環したものとしてはフェナントレンもある。このように，ベンゼン環が多数個縮環したものを**多環式芳香族**という（図5・6）。

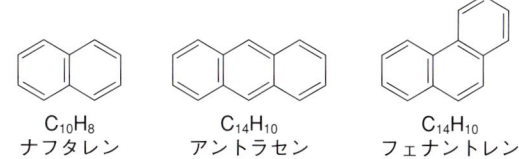

図5・5 多環式芳香族の例　　ナフタレン $C_{10}H_8$　　アントラセン $C_{14}H_{10}$　　フェナントレン $C_{14}H_{10}$

5・3・2 置換基を持つベンゼン

ベンゼンは6個の水素を持っているが，その中のいくつかを置換基に変えたものがある。そのいくつかを見てみよう。

一置換ベンゼン

ベンゼンの水素1個を置換基に変えたものを一置換ベンゼンという。その例はたくさんあるが，いくつかを図5・6に示した。

トルエンはかつてシンナーとして塗料などの溶剤（薄め剤，thinner）として用いられたが，毒性が明らかになり，用いられることは少なくなった。フェノールはアルコールの一種であるが，他のアルコールが中性なのに対して，酸性なので石炭酸とも呼ばれる。

マニキュアなどの除光液，シールなどの剥離剤もシンナーの一種である。

●発展学習●
シンナーにはどのような有機物が含まれているか調べてみよう。

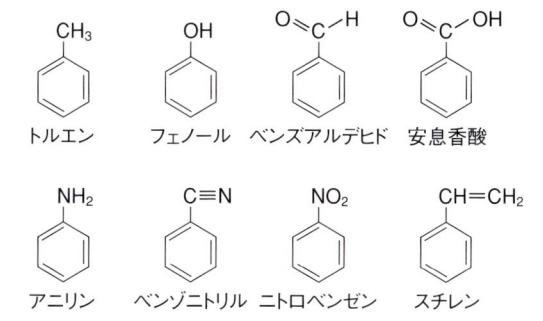

図5・6 一置換ベンゼンの例　　トルエン　フェノール　ベンズアルデヒド　安息香酸　アニリン　ベンゾニトリル　ニトロベンゼン　スチレン

二置換ベンゼン

ベンゼンの水素2個を置換基に変えた場合，その位置関係によって，3種の異性体が生じる。すなわち，2個のメチル基を持ったキシレンには，メチル基の位置関係によって，オルト(o)-，メタ(m)-，パラ(p)-キシレンが生じる（図5・7）。

図5・7 二置換ベンゼンの例

5・4 非ベンゼン系芳香族化合物

芳香族化合物はベンゼン骨格を持ったものだけではない。ベンゼン骨格を持たない芳香族を非ベンゼン系芳香族ということがある。

5・4・1 ヘテロ元素を含む芳香族

環状化合物の環部分を構成する原子のうち，炭素以外の元素をヘテロ原子といい，ヘテロ原子を持つ芳香族を**ヘテロ芳香族**という。

ヘテロ芳香族の典型的なものはピリジンである（図5・8）。ピリジンはベンゼンと同様に六員環化合物であるが，環構成原子として窒素を含む。強い悪臭を持つ化合物である。

ピロール，フラン，チオフェンなどは共に五員環化合物である（図5・9）。これらは2個の二重結合に基づく4個のπ電子を持つほか，ヘテロ原子Xが非共有電子対をもつ。そのため，この2個の電子と二重結合の4個の電子を合わせて6個のπ電子を持つことになり，ヒュッケルの$(4n+2)\pi$則を満たして芳香族となる。

5・4・2 イオンの芳香族

イオンになることによって芳香族性を獲得するものもある。

---

sp² 混成状態における O の電子配置

フランの O は sp² 混成であり，その電子配置は上図のとおりである。そのため，2p軌道に入っている非共有電子対が π 電子となることができる。

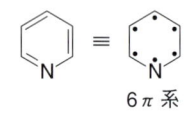

図5・8 窒素を含む六員環芳香族ピリジン

X＝NH：ピロール
X＝O ：フラン
X＝S ：チオフェン

図5・9 ヘテロ元素を含む五員環芳香族

シクロプロペン

シクロプロペンの sp³ 炭素から 1 個の水素が水素アニオン H⁻ として外れると，sp³ 炭素が sp² に変化し 3 個の炭素が全て sp² 炭素になるので，共役系を形成することになる。この陽イオンでは π 電子は二重結合部分にある 2 個だけである。したがって $(4n+2)$ で $n=0$ に相当し，芳香族となる（**図 5・10**）。

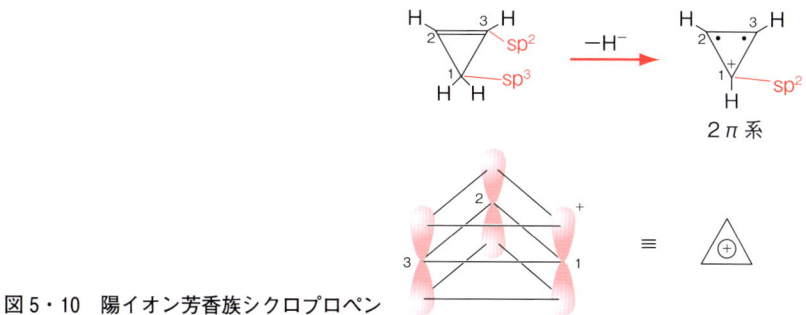

図 5・10　陽イオン芳香族シクロプロペン

シクロペンタジエン

シクロペンタジエンの sp³ 炭素から 1 個の水素が水素カチオン H⁺ として外れると，sp³ 炭素が sp² に変化し 5 個の炭素が全て sp² 炭素になるので，共役系を形成することになる。この陰イオンでは，新たにできた sp² 炭素に 2 個の π 電子が存在する。したがって分子全体としては，この 2 個に加えて，2 個の二重結合部分にある 4 個があり，全体として 6 個となる。その結果，ベンゼンと同様に芳香族となる（**図 5・11**）。

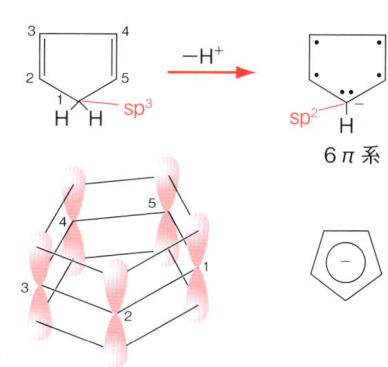

図 5・11　陰イオン芳香族シクロペンタジエン

この章で学んだ主なこと

☐ 1　芳香族の典型はベンゼンである。
☐ 2　芳香族化合物は安定で反応性が低い。
☐ 3　芳香族化合物は環状共役化合物で，環内に $(4n+2)$ 個の π 電子を持つ。
☐ 4　ベンゼン環が何個か縮合したものを多環式芳香族といい，ナフタレン，アントラセンなどがある。
☐ 5　置換基を2個持つベンゼンは，置換基の相対的位置関係によって，オルト，メタ，パラの異性体を持つ。
☐ 6　炭素以外の原子を環構成原子に持つ芳香族をヘテロ芳香族といい，ピリジン，ピロール，フランなどがある。
☐ 7　環状共役イオンでも，環内に $(4n+2)$ 個の π 電子を持てば芳香族となる。

演習問題

1　次の文章のうち，正しいものには ○，間違っているものには × をつけよ。
　a）芳香族化合物はすべて良い香りがする。
　b）芳香族化合物は環状化合物である。
　c）共役化合物でない芳香族もある。
　d）芳香族化合物は環内に $4n$ 個の π 電子を持つ。
　e）芳香族化合物は環内に $(4n+2)$ 個の σ 電子を持つ。
　f）芳香族化合物は反応性に乏しい。
　g）芳香族化合物が反応するときには主に付加反応を行う。

2　次の構造式で示した化合物のうち，芳香族はどれか。
　a）　　　b）　　　c）　　　d）

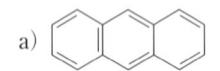

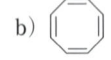

3　次の名前の化合物のうち，芳香族はどれか。
　a）酢酸　　b）安息香酸　　c）メチルアミン　　d）アニリン　　e）ベンゾニトリル
　f）アセトアルデヒド　　g）フェノール　　h）トルエン　　i）キシレン
　j）酢酸エチル　　k）アセトン

4　2個の塩素 Cl を置換基に持つベンゼン誘導体の構造式を全て示せ。

5　3個の塩素 Cl を置換基に持つベンゼン誘導体の構造式を全て示せ。

6　ピリジンとフランの構造式を水素まで含めて示せ。

7　ベンゼン環が4個縮合した多環式芳香族の構造式を全て示せ。

8　ヘテロ芳香族の構造式を三つ示せ。

第Ⅲ部　有機化合物の性質と反応

第6章

炭化水素の反応

● 本章で学ぶこと

　有機化学の最大の特徴は，新しい分子を自在に作ることができることである。この能力のおかげで化学は医薬品，肥料，医療用品，衣料，工業原料など多くの物質を作り，文明の発展に貢献してきた。

　新しい分子を作ることができるのは，技術の進歩により有機化学反応を自由に使いこなすことができるようになったからである。有機化学反応の種類は非常に多く，また，現在も次々と新しく便利な反応が開発され続けている。

　ここでは，有機化学反応のうち最も基礎的な反応，すなわち，炭化水素の関与する反応について見ていこう。

6・1　反応の種類

　有機化学反応には多くの種類があり，それに伴って独特の用語がある。

6・1・1　一分子反応と二分子反応

　出発物質の分子 A が生成物の分子 B に変化する反応では，いわば A が"一人で勝手に"変化するようなものである。このように，一分子で進行する反応を**一分子反応**という。

　それに対して A と B が反応して生成物 C になる反応では，A と B という二分子が衝突しなくては進行しない。このように二分子がそろって初めて進行する反応を**二分子反応**という（図6・1）。

6・1・2　試薬と基質

　A と B が反応するとき，片方を**試薬**，片方を**基質**という。A，B のどちらが試薬になるかはある程度任意である。しかし一般に，① 小さいも

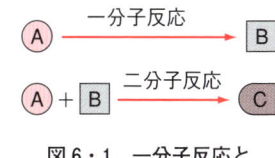

図6・1　一分子反応と二分子反応

図6・2 基質と試薬

の，② 炭素，水素以外の原子を含むもの，③ イオン，などを試薬とすることが多い（図6・2）。

6・1・3 求核反応と求電子反応

試薬が基質のプラスに荷電した部分を攻撃するとき，この攻撃を求核攻撃，試薬を求核試薬，反応を**求核反応**という。求核の"核"は原子核の"核"であり，原子核がプラスに荷電していることに由来する。

それに対して，試薬が基質のマイナスに荷電した部分を攻撃するとき，この攻撃を求電子攻撃，試薬を求電子試薬，反応を**求電子反応**という。電子がマイナスに荷電していることから付けられた名前である（図6・3）。

求核反応：
　nucleophilic reaction
求電子反応：
　electrophilic reaction
基質：substance
試薬：reagent

図6・3 求核反応と求電子反応

6・1・4 反応速度

反応には速く進行するものも，遅くしか進行しないものもある。反応の速度を**反応速度**という。

図6・4は一分子反応 A → B の進行に伴う A の濃度変化を表したものである。反応開始時には A の濃度は 100 % であるが，反応が進行すると A は B に変化するので，A の濃度は減少していく。

A の濃度が最初の 50 % になるまでに要した時間を**半減期** $t_{1/2}$ という。半減期の長い反応は遅い反応であり，短い反応は速い反応である。

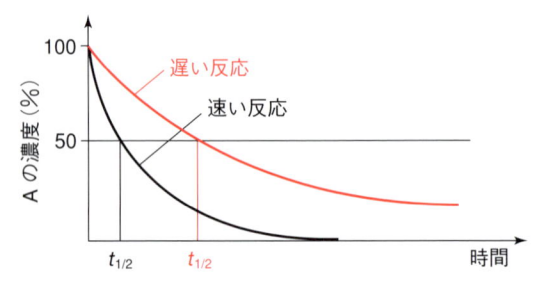

半減期の2倍の時間 ($2t_{1/2}$) 経ったときの A の濃度は 50 % の半分の 25 % であり，$3t_{1/2}$ 経ったときには 25 % の半分の 12.5 % である。

図6・4 反応速度と半減期

6・2 置換反応

置換基 X を持つ分子 R−X の置換基が別の置換基 Y に変化して R−Y になる反応を**置換反応**という。

置換反応：
　substitution reaction

6・2・1 S_N1 反応

反応が一分子的，求核的に進行する置換反応を，それぞれの術語の頭文字を並べて **S_N1 反応**，一分子求核置換反応という。

S_N1 反応は図 6・5 のように進行する。すなわち R−X の X がアニオン X^- として外れ，陽イオン中間体 R^+ が生成する。これを試薬 Y^- が求核攻撃し，生成物 R−Y となる。

カチオン中間体 R^+ の陽イオン炭素は sp^2 混成なので，このイオンは平面構造である。そのため，試薬 Y^- は図の左からでも右からでも同じように攻撃できる。

そのため，光学活性物質 1 を用いて反応させると，生成物は光学異性体 2，3 の 2 種類ができる。つまり，生成物は**ラセミ体**（ラセミ混合物）となり，光学活性を失ってしまう。これが S_N1 反応の特色である。このように，反応の経過状態を表したものを反応機構という。

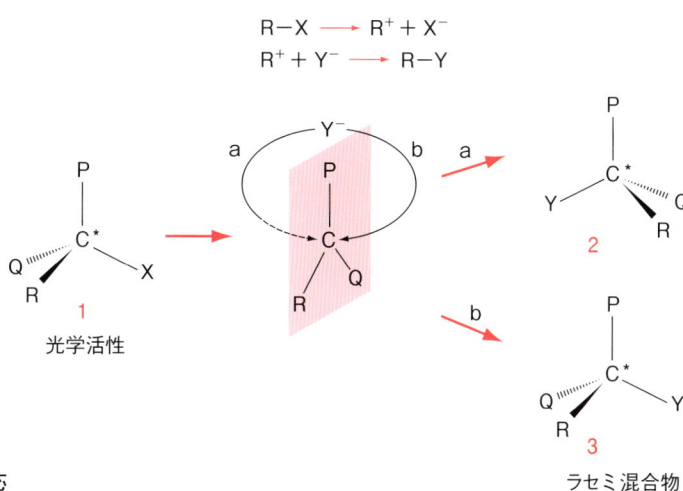

図 6・5 S_N1 反応

6・2・2 S_N2 反応

反応が二分子的，求核的に進行する置換反応を，それぞれの術語の頭文字を並べて **S_N2 反応**，二分子求核置換反応という。

S_N2 反応は図 6・6 上のように進行する。すなわち，求核試薬 Y^- は基質 R−X の置換基 X の裏側から攻撃するのである。反応の中間状態で

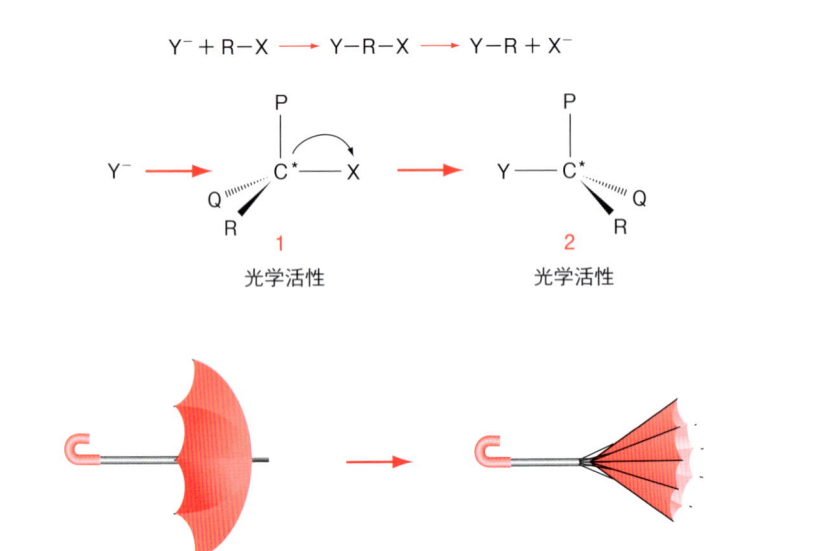

$$Y^- + R-X \longrightarrow Y-R-X \longrightarrow Y-R + X^-$$

1 光学活性　　2 光学活性

ワルデン反転　　図6・6　S$_N$2反応（ワルデン反転）

は炭素に5個の置換基が結合した特殊な結合状態となる。

このような反応機構のため，光学活性物質 1 を用いた反応では生成物は 2 のみとなり，光学活性を保つことになる。1 と 2 の関係はちょうどコウモリ傘が風邪にあおられて反転するのに似ている。この反転を発見者の名前を取って**ワルデン反転**という（図6・6下）。

ワルデン反転：
　Walden inversion

6・3　脱 離 反 応

脱離反応：
　elimination reaction

大きい分子から小さい分子 XY が外れ，その跡に二重結合ができる反応を**脱離反応**という。

6・3・1　E1反応

分子 1 から置換基 X がアニオン X$^-$ として外れてカチオン中間体 2 となり，次いで Y がカチオン Y$^+$ として外れて生成物 3 となる脱離反応を，反応が一分子的に進行するので **E1反応** という。

出発物質 4 から分子 XH が脱離する反応では，X が外れたカチオン中間体 5 において，水素 H$_a$ が外れるか，それとも H$_b$ が外れるかによって，2種類の生成物 6，7 が生成する。しかしこのような場合，二重結合にアルキル基のたくさん付いた 6 が主生成物となる。これは，二重結合にアルキル基のたくさん付いた構造が安定だからである。

ザイツェフ（セイチェフ）則：
　Zaitsev's (Saytzeff's) rule

このように，二重結合に置換基がたくさん付いたものが主生成物となることを，発見者の名前をとって**ザイツェフ則**という。

6・3・2 E2反応

二分子的に進行する脱離反応を**E2反応**という。この反応では求核試薬 B^- が置換基 Y を攻撃する。攻撃された Y は C-Y 結合を構成していた2個の結合電子を C-C 結合に入れて外れる。それと同時に置換基 X が C-X 結合の結合電子雲を持って X^- として外れ，生成物 3 を与える。

出発物質 4 が E2 反応を行うとしてみよう。この場合，求核試薬 B^- が攻撃できる水素は H_a か H_b である。B^- が立体的に小さければ，B^- は H_a，H_b どちらをも攻撃できる。したがって，生成物は安定な 6 になり，反応はザイツェフ則に従って進行することになる。

しかし，B^- が立体的に大きい場合，反応は異なる。すなわち，H_a は分子の奥まったところにあり，大きな B^- は H_a に届かない（側注参照）。そのため，分子の表面にある H_b を攻撃し，7 を主生成物として与える。

このように，ザイツェフ則と異なった生成物を与えることを，発見者の名前をとって**ホフマン則**という。

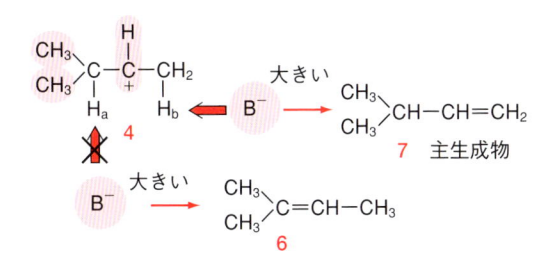

大きいネコは狭い隙間に入った小さなネズミを捕ることができない。

ホフマン則：Hoffmann rule

6・4 付加反応

二重結合に小さな分子が結合し、二重結合が単結合になる反応を**付加反応**という。

$$R_2C=CR_2 + XY \longrightarrow R_2C(X)-CR_2(Y)$$

6・4・1 接触還元反応

○発展学習○
水素と反応することがなぜ"還元"といわれるのか調べてみよう。

パラジウム Pd（金属）などの触媒存在下で、二重結合に水素分子が付加する反応を**接触還元反応**という。

この反応では、水素分子が金属触媒表面に吸着されて活性水素となることから進行する。この活性水素を構成する2個の水素原子が二重結合の同じ面を攻撃するので、水素は分子面の片側だけに結合することになる。このような付加を**シス付加**という（**図 6・7**）。

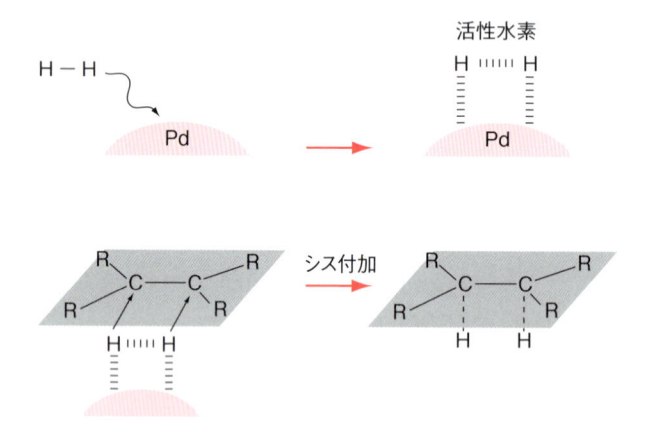

図 6・7 接触還元反応とシス付加

6・4・2 トランス付加反応

臭素 Br_2 は二重結合に付加しやすい分子である。臭素分子が二重結合 **1** を攻撃すると、三員環構造を持った陽イオン中間体 **2** を生成する。**2** を特にブロモニウムイオンということがある。反応の次の段階で、Br^- が **2** を攻撃することになるが、三員環側は混んでいて攻撃できない。そのため、三員環の反対側から攻撃することになる（**図 6・8**）。

このように臭素付加では、2個の臭素原子は分子の反対側の面を攻撃することになる。このような付加を**トランス付加**という。

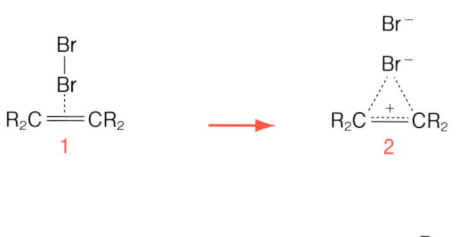

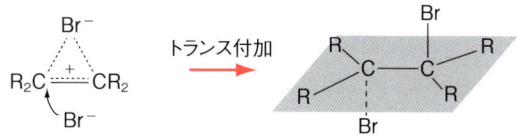

図6・8 臭素付加におけるトランス付加反応

6・4・3 環状付加反応

二つの化合物が，それぞれ2か所で新しい結合を作ると環状化合物ができる。このような反応を**環状付加反応**という。

環状付加反応の代表的なものは，発見した二人の化学者の名前を付けた**ディールス-アルダー反応**であろう。ディールス-アルダー反応の骨格は，ブタジエンとエチレンが反応してシクロヘキセンが生じるというものである（図6・9）。

ディールス-アルダー反応：
Diels-Alder reaction

図6・9 ディールス-アルダー反応の基本骨格　ブタジエン　エチレン　シクロヘキセン

6・5 酸化反応

二重結合を含む化合物を酸化すると，二重結合の部分で二分される。

6・5・1 4置換オレフィン

二重結合を1個だけ含む化合物を一般に**オレフィン**という。二重結合の周りに4個のアルキル基を持つオレフィン1を酸化すると，2個のケトン誘導体2が生成する。

コラム／二重結合の定性反応

　臭素は二重結合との反応性が高い。そして，臭素は赤黒い液体であるが，臭素付加物は無色である。以上の事実を総合すると，二重結合の検出法が見えてくる。

　構造のわからない化合物に臭素の赤黒い溶液を加える。化合物が二重結合を持っていれば臭素と反応するので臭素の色は消える。しかし，二重結合がなければ臭素の色は残ったままである（図）。

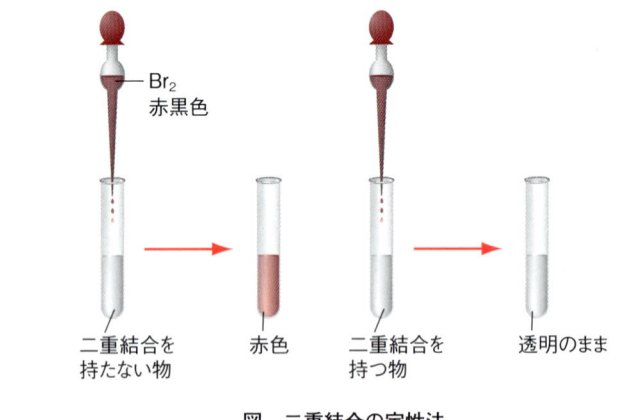

図　二重結合の定性法

6・5・2　2置換オレフィン

　二重結合を構成する炭素のそれぞれに1個ずつのアルキル基を持つオレフィン **3** を酸化するとアルデヒド誘導体 **4** を生じるが，**4** は反応条件下でさらに酸化されてカルボン酸誘導体 **5** になる。

$$\underset{3}{\underset{H}{\overset{R}{>}}C=C\underset{H}{\overset{R}{<}}} \xrightarrow{(O)} \underset{4}{2\;\underset{H}{\overset{R}{>}}C=O} \longrightarrow \underset{5}{R-C\underset{OH}{\overset{O}{\diagup\!\!\!\diagdown}}}$$

6・5・3　エチレン

　エチレン **6** を酸化すると二酸化炭素と水を生じる。

$$\underset{6}{H_2C=CH_2} \xrightarrow{(O)} 2\,CO_2 + H_2O$$

6・5・4 混合オレフィン

二重結合を構成する2個の炭素で，結合状態が異なる混合オレフィンの場合には，各炭素が上述のオレフィン 1，3，6 のどれに属するかで反応が決まる。

すなわちオレフィン 7 は，左半分は 1 に相当し，右半分は 3 に相当する。したがって生成物は 2 と 5 になる。同様に 8 は 1 と 6 の混合オレフィンであるので，生成物は 2 と二酸化炭素，水となる。

$$R_2C=CHR \longrightarrow R_2C=O + R-COOH$$
$$\quad\quad 7 \quad\quad\quad\quad\quad\quad 2 \quad\quad 5$$

$$R_2C=CH_2 \longrightarrow R_2C=O + CO_2 + H_2O$$
$$\quad\quad 8 \quad\quad\quad\quad\quad\quad 2$$

6・5・5 オゾン酸化

オゾン O_3 を用いた酸化反応は反応機構的に興味が持たれる。すなわち，オレフィン 3 とオゾンが反応すると五員環中間体であるモルオゾニド 9 を生成する。9 はやがてオゾニド 10 に変化し，最終的にケトン 2 となる。

モルオゾニドやオゾニドは爆発性があるので，取り扱いに注意を要する。

$$R_2C=CR_2 + O_3 \longrightarrow \underset{9}{R_2C-CR_2 \text{ (五員環)}}$$
$$\quad 3$$

$$\longrightarrow \underset{10}{R_2C-CR_2 \text{ (オゾニド)}} \longrightarrow 2\ R_2C=O$$
$$\quad\quad\quad\quad\quad\quad\quad\quad\quad\quad\quad 2$$

6・5・6 四酸化オスミウム酸化

オレフィン 3 を四酸化オスミウム OsO_4 で酸化すると，五員環中間体 11 を経由して，並んだ炭素にヒドロキシ基が導入され，1,2-ジオール誘導体 12 が生成する。

$$R_2C=CR_2 + OsO_4 \longrightarrow \underset{11}{R_2C-CR_2} \longrightarrow \underset{12}{R_2\overset{OH}{C}-\overset{OH}{C}R_2}$$

(中間体：五員環 Os(=O)₂(-O-)₂)

●この章で学んだ主なこと

- □ 1 反応には一分子反応，二分子反応，求核反応，求電子反応などがある。
- □ 2 出発物質の濃度が半分になるのに要する時間を半減期という。
- □ 3 置換基が別の置換基に置き換わる反応を置換反応という。
- □ 4 光学活性物質を S_N1 反応させるとラセミ体が生じる。
- □ 5 光学活性物質を S_N2 反応させると構造の反転した光学活性物質が生じる。
- □ 6 大きな分子から小さな分子が外れ，その跡が二重結合になる反応を脱離反応という。
- □ 7 E1反応の生成物はザイツェフ則に従う。
- □ 8 E2反応において体積の大きな試薬を用いると，ザイツェフ則に逆らう生成物が生じる。これをホフマン則という。
- □ 9 接触還元反応はシス付加で進行する。
- □ 10 臭素付加はトランス付加で進行する。
- □ 11 ディールス-アルダー反応ではブタジエンとエチレンからシクロヘキセンが生じる。
- □ 12 二重結合を酸化するとC=O結合が導入される。
- □ 13 オゾン酸化は五員環中間体を経由して進行する。

●演習問題●

1 反応 A → B において，AとBの濃度変化を一つのグラフにまとめて示せ。

2 次の試薬は求核試薬か求電子試薬か答えよ。

（＋の球 ← 試薬）　　（－の球 ← 試薬）

3 半減期が1分の反応と10分の反応ではどちらが速い反応か。

4 次の反応が，①S_N1，②S_N2 で進行した場合の生成物を示せ。

$$CH_3CH_2\underset{H}{\overset{H_3C}{\underset{|}{\overset{|}{C}}}}-OH + Cl^- \longrightarrow$$

5 次の反応が，①ザイツェフ則に従ったとき，②ホフマン則に従ったときの生成物を示せ。

$$\text{CH}_3\text{CH}_2-\underset{\underset{\text{CH}_3}{|}}{\text{CH}}-\underset{\underset{\text{X}}{|}}{\text{CH}}-\text{CH}_2\text{CH}_3 \longrightarrow$$

6 次の酸化反応の生成物を示せ。

$$\underset{\text{CH}_3\text{CH}_2}{\overset{\text{CH}_3}{>}}\text{C}=\text{C}\underset{\text{H}}{\overset{\text{CH}_3}{<}} \xrightarrow{\text{(O)}} \qquad \underset{\text{H}}{\overset{\text{CH}_3}{>}}\text{C}=\text{CH}_2 \xrightarrow{\text{(O)}}$$

7 次の反応の生成物を構造式で示せ。

$$\text{R}-\text{C}\equiv\text{C}-\text{R} \xrightarrow[\text{Pd (触媒)}]{\text{H}_2}$$

8 次の反応の生成物を構造式で示せ。

$$\diagup\!\!=\diagdown \;\; + \;\; |\!| \longrightarrow$$

$$\diagup\!\!=\diagdown \;\; + \;\; |\!| \longrightarrow$$

第Ⅲ部　有機化合物の性質と反応

第7章

アルコール・エーテルの反応

●本章で学ぶこと

アルコールは炭化水素骨格にヒドロキシ基 −OH が付いたものであり，エーテルは酸素に炭化水素骨格が2個結合したものである。そのため，アルコールとエーテルの構造，性質には水と似たところがある。

アルコールは中性の物質であり，アルカリ金属と反応して水素ガスを発生する。反応としては酸化，置換，脱離反応などを行い，脱離反応によってエーテルを生成することもある。エーテルは有機反応の溶媒などとして用いられるほか，環状のエーテルは試薬としても用いられる。

ここでは，アルコールとエーテルの性質と反応性について見ていこう。

7・1　アルコールの種類と性質

"無水アルコール"は，エタノール中に不純物として含まれている"水"を除いたものであり，分子としては"エタノール"である。しかし次章でみる"無水酢酸"は"酢酸"とは異なる分子である。

アルキル基にヒドロキシ基 −OH のついた化合物を一般に**アルコール**という。しかし，一般にアルコールというとエタノールを指すことも多い。また，ベンゼン環にヒドロキシ基のついたものを**フェノール**という。

7・1・1　アルコールの命名法

先に炭化水素の命名法をみたが，アルコールにも命名法がある。

A　基本名

エタノールは酒類の成分であり，ビールに約5％，日本酒やワインには約15％含まれている。酒類の度数は，含まれるエタノールの体積％を表す。

炭素数が同じ炭化水素の名前の語尾の e を ol に換える。

C1 の炭化水素名はメタン methane なので，語尾を ol に換えると methanol メタノールとなる。

$$\text{CH}_4 \longrightarrow \text{CH}_3\text{-OH}$$
methane メタン　　　　methanol メタノール

$$\text{CH}_3\text{-CH}_3 \longrightarrow \text{CH}_3\text{-CH}_2\text{-OH}$$
ethane エタン　　　　ethanol エタノール

B　ヒドロキシ基の位置

ヒドロキシ基の位置による異性体がある場合には位置を番号で示す。

C3のアルコールはpropaneの語尾を換えてpropanolプロパノールとなるが，C3のアルコールには2種類ある。そのため，ヒドロキシ基の位置を番号で示してそれぞれを1-propanol，2-propanolとする。

$$\text{CH}_3\text{-CH}_2\text{-CH}_3 \longrightarrow \underset{\text{1-propanol}}{\text{CH}_3\text{-CH}_2\text{-}\overset{\text{OH}}{\text{CH}_2}}, \quad \underset{\text{2-propanol}}{\text{CH}_3\text{-}\overset{\text{OH}}{\text{CH}}\text{-CH}_3}$$

propane プロパン　　1-プロパノール　　2-プロパノール

7・1・2　アルコールの種類

ヒドロキシ基の付いた炭素原子に1個の炭素原子が付いたものを第一級アルコール，2個付いたものを第二級アルコール，3個付いたものを第三級アルコールという。メタノールの炭素にはほかの炭素は結合していないが，特別に第一級アルコールとする。

一分子内に1個のヒドロキシ基を持つものを一価アルコール，複数個のヒドロキシ基を持つものを多価アルコールという。自動車の不凍液に含まれるエチレングリコールは二価アルコール，油脂の成分であり，ダイナマイトの原料にもなるグリセリンは三価アルコールである。

いくつかのアルコールとフェノールを表7・1にまとめた。

> メタノールは毒性が強く，誤って飲用すると失明したり，死に至ることもある。

> エタノールは酒類の原料になるため，酒税がかかり高価である。そのため，故意に不純物を混ぜて飲めなくしたものが工業用アルコールとして酒税なしで市販されている。

表7・1　アルコールとフェノールの分類

一価アルコール		多価アルコール	
$\text{CH}_3\text{CH}_2\text{-OH}$	エタノール（アルコール）（第一級アルコール）	$\underset{\text{OH}\ \ \text{OH}}{\text{CH}_2\text{-CH}_2}$	エチレングリコール（二価アルコール）
$(\text{CH}_3)_2\text{CH-OH}$	イソプロパノール（第二級アルコール）	$\underset{\text{OH}\ \ \text{OH}\ \ \text{OH}}{\text{CH}_2\text{-CH-CH}_2}$	グリセリン（三価アルコール）
$(\text{CH}_3)_3\text{C-OH}$	ターシャリーブタノール（第三級アルコール）		

一価フェノール		二価フェノール	
⬡-OH	フェノール	HO-⬡-OH	ヒドロキノン

7・1・3 アルコールの性質

メタノール，エタノールは水とどのような割合にでも混じり，有機物を溶かす性質が強いので，溶剤，洗浄剤，溶媒などに用いられる。

アルコールの OH 基は H^+ を放出することはない。そのため，アルコールは中性の化合物である。しかし，フェノールは弱い酸性を示す。それはフェノールが H^+ を放出した後のアニオンが安定なためである。

> フェノールは和名で石炭酸といわれ，消毒などに用いられる。

$$R-OH \xrightarrow{\times} R-O^- + H^+$$
中性

フェノール: $C_6H_5-OH \longrightarrow C_6H_5-O^- + H^+$
酸性　　　　　　　　　安定

7・1・4 アルコールの合成

アルコールの合成法にはいくつかのものが知られている。

A　付加反応

二重結合に水を付加させるとアルコールが生成する。エタノールは工業的には，エチレンと水との付加反応によって合成される。

$$R_2C=CR_2 + H_2O \longrightarrow R_2CH-CR_2-OH$$

$$H_2C=CH_2 + H_2O \longrightarrow CH_3-CH_2-OH$$
エチレン　　　　　　　　　　　エタノール

> ●発展学習●
> 糖類とアルコール，エーテルの関係を調べてみよう。

B　置換反応

ハロゲン化アルキルに水を作用させると，ハロゲン原子と OH 基が置換してアルコールとなる。

$$R_3C-Cl + H_2O \longrightarrow R_3C-OH + HCl$$
塩化物

C　酸化反応

二重結合を四酸化オスミウム OsO_4 で酸化すると，並んだ炭素にヒドロキシ基の導入された二価アルコールが生成する。

$$R_2C=CR_2 + OsO_4 \xrightarrow{H_2O_2} R_2\overset{OH}{\underset{|}{C}}-\overset{OH}{\underset{|}{C}}R_2$$

D　その他の合成法

アルコールは，カルボニル化合物の還元などによっても得られるが，それについては次章で見ることにしよう。

7・2 アルコールの反応

アルコールは種々の反応を行う。代表的なものを見てみよう。

7・2・1 金属との反応

アルコールにカリウム，ナトリウムなどのアルカリ金属を作用させると，激しく反応し，水素ガスと共にアルコキシドを生成する。

$$\text{R-OH} + \text{Na} \longrightarrow \frac{1}{2}\text{H}_2 + \text{R-ONa}$$
$$\text{ナトリウムアルコキシド}$$

7・2・2 置換反応

アルコール 1 にハロゲン化水素を反応させるとハロゲン化物 3 を与える。

$$\text{R-OH} \xrightarrow{\text{HCl}} \text{R}^+ + \text{OH}^- \xrightarrow{\text{Cl}^-} \text{R-Cl}$$
$$\quad 1 \qquad\qquad 2 \qquad\qquad\quad 3$$

いくつかのアルコール，4，5，6 のこの反応における反応速度は図7・1に示した通りである。この反応は S_N1 反応であり，カチオン中間体 2 を経由して進行する。カチオン炭素を安定化するためには，電子供与基を付ければよい。

アルコール 4，5，6 から生じたカチオン 7，8，9 についているアルキル基（メチル基）の個数は，それぞれ 1 個，2 個，3 個である。つまり，カチオン 9 が最も安定である。そのため，9 が最も生成しやすいことになり，反応速度も速くなったのである。

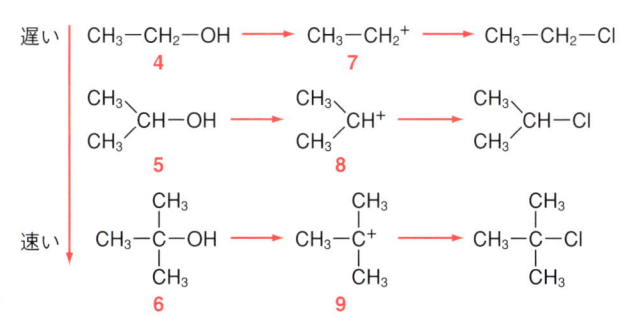

図7・1 置換反応の反応速度

7・2・3 脱水反応

アルコールは水を脱離して二重結合を導入する。水の脱離反応を特に

脱水反応という。エタノールを触媒量の硫酸存在下で 170 ℃ に加熱すると脱水してエチレンを生じる。

2 分子のアルコールから 1 分子の水が脱水すると**エーテル**が生成する。エタノールを硫酸存在下で 140 ℃ に加熱するとジエチルエーテルが生成する。このような脱水を分子間脱水ということがある。これに対して 1 分子のアルコールから 1 分子の脱水が起こるものを分子内脱水という。

二価アルコールが分子内で脱水すると環状エーテルを生じる。

$$\underset{\text{エタノール}}{\overset{\text{H OH}}{\underset{|}{\text{CH}_2}}-\overset{|}{\text{CH}_2}} \xrightarrow{\text{分子内脱水}} \underset{\text{エチレン}}{\text{CH}_2=\text{CH}_2} + \text{H}_2\text{O}$$

$$\text{CH}_3\text{CH}_2-\text{O}-\text{H} \quad \text{H}-\text{O}-\text{CH}_2\text{CH}_3 \xrightarrow{\text{分子間脱水}} \underset{\text{ジエチルエーテル}}{\text{CH}_3\text{CH}_2-\text{O}-\text{CH}_2\text{CH}_3} + \text{H}_2\text{O}$$

二価アルコール → 環状エーテル ＋ H₂O

7・2・4 酸化反応

酸化反応：
　oxidation reaction

水以外の溶媒を非水溶媒ということがある。

第一級アルコールを酸化すると**アルデヒド**になる。しかし酸化条件として二クロム酸カリウム（重クロム酸カリウム）の水溶液などを用いると，アルデヒドはさらに酸化されて**カルボン酸**になる。アルデヒドの酸化を防止するには水を用いなければよいわけで，溶媒にピリジンなどの有機溶媒を用いるとアルデヒドの段階で酸化を止めることもできる。

第二級アルコールを酸化すると**ケトン**になる。しかし第三級アルコールは酸化反応を受けることはない。

$$\text{R-CH}_2\text{-OH} \xrightarrow{(O)} \text{R-C}\underset{H}{\overset{O}{\lVert}} \xrightarrow{(O)} \text{R-C}\underset{OH}{\overset{O}{\lVert}}$$
第一級アルコール　　アルデヒド　　カルボン酸

$$\underset{R}{\overset{R}{\diagdown}}\text{CH-OH} \xrightarrow{(O)} \underset{R}{\overset{R}{\diagdown}}\text{C=O}$$
第二級アルコール　　ケトン

$$\text{R}-\underset{R}{\overset{R}{\underset{|}{\overset{|}{C}}}}-\text{OH} \xrightarrow{(O)} \times \quad \text{酸化されない}$$
第三級アルコール

7・2・5 エステル化反応

　アルコールとカルボン酸から水が取れて両者が結合する反応を**エステル化**といい，生成物を**エステル**という。エタノールと酢酸が反応すると酢酸エチルが生成する。

　エステル化反応では，生成する水の酸素がアルコールとカルボン酸のどちらからくるかという問題がある。すなわち，**a**の四角か**b**の四角か，という問題である。これはカルボン酸の酸素を酸素の同位体 ^{18}O にすることで明らかになった。反応を行ったところ，生成した水には ^{18}O が含まれており，その分子量は20だったのである。これはカルボン酸の酸素が水に入ったこと，つまり**a**の四角で水ができたことを意味する。すなわち，エステル化ではカルボン酸の OH とアルコールの H から水ができているのである。

　エステルに水を作用させると，元のアルコールとカルボン酸が生じる。この反応を**加水分解**という。

$$\text{R-C(=O)-OH} + \text{HO-R} \underset{\text{加水分解}}{\overset{\text{エステル化}}{\rightleftarrows}} \text{R-C(=O)-O-R} + \text{H}_2\text{O}$$

$$\text{CH}_3\text{-C(=O)-OH} + \text{HO-CH}_2\text{CH}_3 \rightarrow \text{CH}_3\text{-C(=O)-O-CH}_2\text{CH}_3 + \text{H}_2\text{O}$$
酢酸　　エタノール　　　　　　　酢酸エチル

$$\text{R-C(=O)-}{}^{18}\text{O-H} \quad \text{H-O-R} \rightarrow \text{R-C(=O)-O-R} + \text{H}_2{}^{18}\text{O}$$
（a：C-¹⁸O-H 部分，b：H H-O 部分）

このように2個の分子が水を放出して結合する反応を，一般に脱水縮合という。

7・3 エーテルの種類と性質

酸素が2個の炭化水素基と結合した化合物を一般に**エーテル**という。しかし，一般にエーテルというときにはジエチルエーテルを指すことが多い。

7・3・1 エーテルの命名法

エーテルの命名法は以下の通りである。すなわち，酸素に結合した置換基の名前をアルファベット順に並べ，最後に"エーテル"を付ける。したがってメチル基 methyl CH$_3$ とエチル基 ethyl CH$_3$CH$_2$ からなるエーテルは ethylmethylether エチルメチルエーテルとなる。

同じ置換基からなるエーテルは置換基の名前の前に"2"を意味する di を付けて表す。したがってエチル基2個からなるエーテルは diethylether ジエチルエーテルとなる。

$$\underset{\text{メチル基} \quad \text{エチル基}}{CH_3-O-CH_2CH_3} \qquad \underset{\text{エチル基} \quad \text{エチル基}}{CH_3CH_2-O-CH_2CH_3}$$

ethylmethylether　　　　　diethylether
エチルメチルエーテル　　　　ジエチルエーテル

7・3・2 エーテルの種類（表7・2）

ジメチルエーテルやジエチルエーテルは酸素に同じ置換基が付いたものであり，このようなものを単一エーテルと呼ぶ。それに対して，エチルメチルエーテルは違う置換基が付いている。このようなエーテルを混合エーテルという。

また，オキサシクロプロパン（エチレンオキシドともいう）やフラン，テトラヒドロフラン（THF）のような環状エーテルもある。THF は有

●発展学習●
ダイオキシンは環状エーテルであることを確認してみよう。

表7・2　エーテルの分類

種類	例	
単一エーテル	CH$_3$−O−CH$_3$ ジメチルエーテル	CH$_3$CH$_2$−O−CH$_2$CH$_3$ ジエチルエーテル
混合エーテル	CH$_3$−O−CH$_2$CH$_3$ エチルメチルエーテル	CH$_3$−O−⟨⟩ メチルフェニルエーテル
環状エーテル	オキサシクロプロパン	フラン　　テトラヒドロフラン（THF）

機物を溶かす力が強いので有機反応の溶媒に用いられる。

7・3・3 エーテルの性質

安定な化合物であり，ほかの有機物と反応することが少ないので，有機化学反応の溶媒に用いられることが多い。

ジエチルエーテルは，以前には全身麻酔剤として用いられた。

7・3・4 エーテルの合成

7・2・3項で見たように，エーテルはアルコールの分子間脱水で合成することができる。しかし，置換基RとR′を持った混合エーテルを作ろうとして2種類のアルコールR−OHとR′−OHを反応させると，3種類のエーテルの混合物ができ，効率的な合成とはならない。

このような場合にはハロゲン化アルキルとアルコキシドを反応させる。この反応を発見者の名前をとって**ウィリアムソン合成**という。

ウィリアムソン合成： Williamson synthesis

$$R-O-H + H-O-R \xrightarrow{-H_2O} R-O-R$$

$$R-O-H + H-O-R' \xrightarrow{-H_2O} R-O-R + R-O-R' + R'-O-R'$$

$$R-ONa + X-R' \longrightarrow R-O-R' + NaX$$

X：ハロゲン原子

7・4 エーテルの反応

一般にエーテルは安定な化合物であり，反応しにくいが，酸素や強酸とは反応する。ただしオキサシクロプロパンは高い反応性をもち，工業原料としても利用される。

7・4・1 酸素との反応

エーテルに酸素を作用させるとペルオキシドや過酸化物を生じる。これらは爆発性があるので取り扱いには注意を要する。

$$R-O-\underset{R}{\overset{R}{C}}-H \xrightarrow{O_2} R-O-\underset{R}{\overset{R}{C}}-O-OH$$

ヒドロペルオキシド

$$2\ R-O-\underset{R}{\overset{R}{C}}-O-O-H \longrightarrow R-O-\underset{R}{\overset{R}{C}}-O-O-\underset{R}{\overset{R}{C}}-O-R$$

過酸化物

7・4・2 強酸との反応

エーテルを強酸で処理すると H^+ が酸素に結合（配位結合）したオキソニウムイオンが生成する。このものに求核試薬が反応するとアルコールが脱離して置換反応が起こる。

7・4・3 オキサシクロプロパンの反応

オキサシクロプロパン骨格は、一般にエポキシといわれることがある。

オキサシクロプロパンは三員環であり、その結合角は $60°$ である。sp^3 混成軌道の角度は $109.5°$ なので、オキサシクロプロパンは高い歪みを持っている。そのため、普通のエーテルとは異なった強い反応性を持つ。

オキサシクロプロパンにアルコキシドイオンなどの求核試薬を反応させると開環が起こり、結果的に付加生成物が生じる。

$$R-O-R \xrightarrow{H^+} R-\overset{H}{O^+}-R \xrightarrow{X^-} X^- \quad R-\overset{H}{O^+}-R \longrightarrow X-R + R-OH$$

$$\triangle O \xrightarrow{H^+} \triangle \overset{H}{O^+} \xrightarrow{OR^-} \underset{RO^-}{\triangle \overset{H}{O^+}} \longrightarrow RO\frown OH$$

●この章で学んだ主なこと

- □ 1　アルコールには第一級、第二級、第三級アルコールがある。
- □ 2　多数個の OH 基を持つものを多価アルコールという。
- □ 3　アルコールはアルカリ金属と反応して水素を発生する。
- □ 4　アルコールは分子内脱水をして二重結合を導入する。
- □ 5　アルコールは分子間脱水をしてエーテルを与える。
- □ 6　第一級アルコールを酸化するとアルデヒド、第二級アルコールを酸化するとケトンになるが、第三級アルコールは酸化されない。
- □ 7　エーテルには単一エーテル、混合エーテル、環状エーテルがある。
- □ 8　混合エーテルを合成するにはウィリアムソン合成法を用いる。
- □ 9　エーテルは安定であり反応しにくいが、酸素や強酸とは反応する。
- □ 10　オキサシクロプロパンは歪みエネルギーのため、高い反応性を持つ。

演習問題

1 次の化合物の名前を書け。

a) CH₃CH₂−OH　　b) CH₂−OH
　　　　　　　　　　　|
　　　　　　　　　　CH₂−OH　　c) CH₃CH₂−O−CH₂CH₃　　d) （テトラヒドロフラン環）

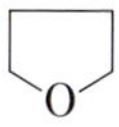

2 次の反応で生じる水の分子量はいくつか。

$$CH_3-CH_2-{}^{18}OH + CH_3-\overset{O}{\underset{\|}{C}}-OH \xrightarrow[\text{エステル化}]{-H_2O}$$

3 次のアルコールの反応生成物を示せ。

A　(CH₃)₂CHOH + Na ⟶

B　(CH₃)₃C−OH $\xrightarrow{\text{分子内脱水}}$

C　C₆H₅−C(=O)−OH + CH₃−OH $\xrightarrow{\text{エステル化}}$

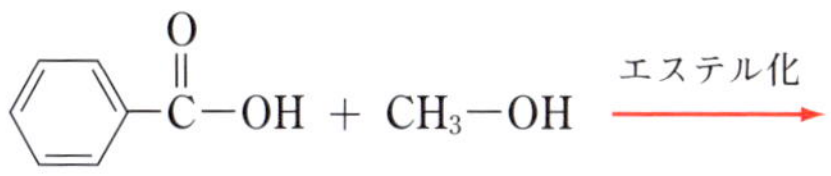

D　CH₃OH $\xrightarrow{\text{酸化}}$

4 次のエーテルの反応生成物を示せ。

A　CH₃CH₂−O−CH₂CH₃ + HCl ⟶

B　（エポキシド）+ HBr ⟶

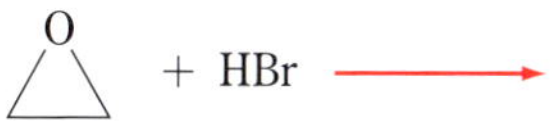

第Ⅲ部 有機化合物の性質と反応

第8章

アルデヒド・ケトンの反応

● 本章で学ぶこと

　カルボニル基 −C＝O を持つ化合物を一般にカルボニル化合物という。カルボニル基を持つ化合物にはケトン R_2CO, アルデヒド RCHO, カルボン酸 RCO_2H などがあるが，ここではケトンとアルデヒドを扱うことにする。

　カルボニル基の最大の特徴は反応性が高いことである。酸素の電気陰性度は 3.5 であり炭素は 2.5 であることから，カルボニル基の炭素はプラスに，酸素はマイナスに荷電している。このため，カルボニル基の炭素はほかのカルボニル基の酸素による求核攻撃を受けやすい。

　本章ではこのような問題について見ていこう。

8・1　アルデヒド・ケトンの命名法と合成法

　カルボニル基を持つ化合物を一般にケトンというが，カルボニル基に水素の付いた置換基，ホルミル基 −CHO を持つ化合物を一般にアルデヒドという。

8・1・1　アルデヒドの命名法

　アルデヒドの命名法はアルコールの命名法に似ている。炭素数の同じアルカンの語尾の e を al に換える，というものである。

　炭素数 1 (ホルムアルデヒド), 炭素数 2 (アセトアルデヒド) のアルデヒドは慣用名で呼ばれることが多いが，炭素数 3 ではアルカンの名前 propane の語尾の e を al に換えて propanal プロパナールとする。

$$\underset{\text{ホルムアルデヒド}}{H-\overset{\overset{O}{\parallel}}{C}-H} \qquad \underset{\text{アセトアルデヒド}}{CH_3-\overset{\overset{O}{\parallel}}{C}-H} \qquad \underset{\text{ベンズアルデヒド}}{C_6H_5-\overset{\overset{O}{\parallel}}{C}-H}$$

$$\underset{\text{プロパン propane}}{CH_3-CH_2-CH_3} \longrightarrow \underset{\text{propanal プロパナール}}{CH_3-CH_2-\overset{\overset{O}{\parallel}}{C}-H}$$

8・1・2 ケトンの命名法

ケトンの命名法は二通りある。

A 置換基に基づく命名法

先に見たエーテルの命名法に似た方法である。

カルボニル基に結合する 2 個の置換基をアルファベット順に並べ，最後にケトンをつける。すなわち，メチル基とエチル基からなるものはエチルメチルケトンであり，メチル基が 2 個付いたものはジメチルケトンである。

$$\underset{\substack{\text{メチル基　エチル基}\\\text{エチルメチルケトン}}}{CH_3-\overset{\overset{O}{\parallel}}{C}-CH_2CH_3} \qquad \underset{\substack{\text{ジメチルケトン}\\\text{(慣用名：アセトン)}}}{CH_3-\overset{\overset{O}{\parallel}}{C}-CH_3}$$

B 語尾を変化させる方法

アルデヒドの命名法のように，相当するアルカンの語尾を換える方法もある。すなわち，相当するアルカンの語尾の e を one に換えるのである。C5 のケトンなら pentane を変えて pentanone ペンタノンとなる。しかし，C5 でカルボニル基を持つものは 2 種類ある。そこで，カルボニル基の位置を番号で示して，それぞれ 2-ペンタノン，3-ペンタノンとする。なお，1-ペンタノンはアルデヒドであり，ペンタナールとなる。

$$\underset{\substack{\text{pentane}\\\text{ペンタン}}}{CH_3-CH_2-CH_2-CH_2-CH_3} \longrightarrow \underset{\substack{\text{2-pentanone}\\\text{2-ペンタノン}}}{CH_3-\overset{\overset{O}{\parallel}}{C}-CH_2-CH_2-CH_3} , \quad \underset{\substack{\text{3-pentanone}\\\text{3-ペンタノン}}}{CH_3-CH_2-\overset{\overset{O}{\parallel}}{C}-CH_2-CH_3}$$

$$\left(\underset{\text{1-pentanone でなく, pentanal}}{CH_3-CH_2-CH_2-CH_2-\overset{}{C}\overset{\nearrow O}{\searrow H}} \text{(ケトンでなくアルデヒド)} \right)$$

8・1・3 アルデヒド・ケトンの合成法

カルボニル化合物の合成法には多くの種類があるが，その代表的なものを見てみよう。

A　アルコールの酸化

先にアルコールの反応で見たように，第一級アルコールを酸化するとアルデヒドを得ることができ，第二級アルコールを酸化するとケトンを得ることができる。

$$R-CH_2-OH \xrightarrow{(O)} R-C{\overset{O}{\underset{H}{\diagup}}}$$

第一級アルコール　　　　アルデヒド

$$\underset{R}{\overset{R}{\diagdown}}CH-OH \xrightarrow{(O)} \underset{R}{\overset{R}{\diagdown}}C=O$$

第二級アルコール　　　　ケトン

B　二重結合の酸化

二重結合を酸化切断すると，置換基の配置によってアルデヒド，あるいはケトンを生じる。

$$\underset{H}{\overset{R}{\diagdown}}C=C\underset{H}{\overset{R}{\diagup}} \xrightarrow{(O)} 2\ \underset{H}{\overset{R}{\diagdown}}C=O$$

$$\underset{R}{\overset{R}{\diagdown}}C=C\underset{R}{\overset{R}{\diagup}} \xrightarrow{(O)} 2\ \underset{R}{\overset{R}{\diagdown}}C=O$$

C　その他の方法

カルボニル化合物の合成法には，三重結合への水付加，ベンゼン骨格へのフリーデル-クラフツ反応などもあるが，それらに関しては後の章で改めて説明しよう。

8・2　アルデヒド・ケトンの性質

アルデヒド・ケトンの特徴は反応性が高いことであるが，それは 8・3 節で見ることにして，ここではそれ以外の性質を見てみよう。

8・2・1　アルデヒドの還元性

アルデヒドは酸化されやすく，酸化を受けてカルボン酸（9・2 節参照）になる。このことは，アルデヒドは他の物質を還元する作用を持つことを意味する。この性質を利用して，化合物がアルデヒドかどうかを簡単に識別する反応がある。

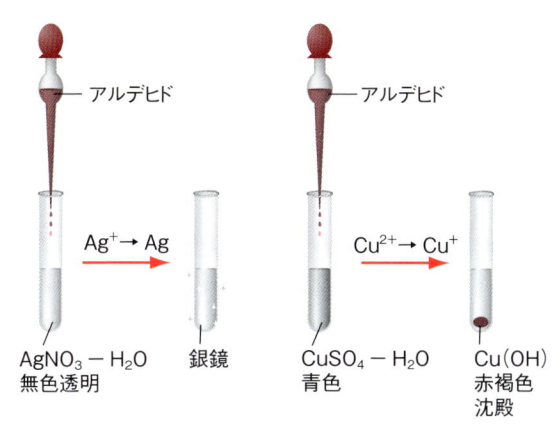

図8・1 銀鏡反応とフェーリング反応　銀鏡反応　　　フェーリング反応

A　銀鏡反応

硝酸銀 $AgNO_3$ の無色水溶液にアルデヒドを加えると，銀イオン Ag^+ が還元されて金属銀 Ag となり，器壁に付着して銀鏡となる。この反応を**銀鏡反応**（図8・1左），あるいは発見者の名前をとって**トーレン反応**という。

B　フェーリング反応

硫酸銅 $CuSO_4$ の青色水溶液にアルデヒドを加えると2価の銅イオン Cu^{2+} が還元されて1価のイオン Cu^+ となり，水酸化銅(Ⅰ) Cu(OH) の赤褐色沈殿が生じる。これを発見者の名前をとって**フェーリング反応**（図8・1右）という。

これはガラスに銀メッキしたことを意味する。このように化学的にメッキすることを，電気メッキに対して化学メッキということがある。

8・2・2　アルデヒドの毒性

ホルムアルデヒドの30％程度水溶液はホルマリンと呼ばれ，タンパク質を硬化させるので生物標本の保存に使われる。ホルムアルデヒドは毒性が強く，シックハウス症候群の原因物質といわれている。

メタノールを飲むと目が見えなくなり，やがて命を落とすといわれるのも，体内に入ったメタノールが酸化酵素によって酸化されてホルムアルデヒドになるからである。酸化酵素は目の周辺に多くあるので，まず目に障害が現れるのである。

8・2・3　ケトンの性質

ジメチルケトン（アセトン）は有機物を溶かす力が強いので，各種溶剤，洗浄剤，反応溶媒として利用される。

8・3 アルデヒド・ケトンの反応

アルデヒドとケトンの行う反応は互いに似ており，区別する必要がない。ここでは共にケトンの反応として紹介しよう。

8・3・1 付加反応

カルボニル基の炭素はプラスに荷電しているので求核試薬の攻撃を受けやすい。求核試薬による付加反応を**求核付加反応**という。

A アルコールの付加

カルボニル化合物 **1** をアルコールの酸素が求核攻撃すると中間体 **2** となり，水素が移動してヘミアセタール **3** となる。この反応は求核付加反応である。

3 をさらにアルコールが攻撃するとヒドロキシ基が脱離し，アセタール **4** となる。この反応は**求核置換反応**である。

$$R_2C=O + H\ddot{O}-R' \longrightarrow \underset{2}{R_2C(OR'H^+)(O^-)} \longrightarrow \underset{3\ \text{ヘミアセタール}}{R_2C(OR')(OH)}$$

$$\underset{3}{R_2C(OR')(OH)} + HO-R' \xrightarrow{-H_2O} \underset{4\ \text{アセタール}}{R_2C(OR')_2}$$

B アンモニアの付加

カルボニル化合物 **1** とアンモニア誘導体（アミン）**5** を反応させると，アルコールとの反応と同様に進行し，付加体 **6** を生成する。**6** は容易に脱水してイミン **7** を与える。

$$\underset{1}{R_2C=O} + \underset{5}{H-NHR'} \longrightarrow \underset{6}{R_2C(NHR')(OH)} \xrightarrow{-H_2O} \underset{7\ \text{イミン}}{R_2C=N-R'}$$

8・3・2 グリニャール反応

カルボニル化合物をアルコールに変化させる反応である。発見者の名

グリニャール反応：
Grignard reaction

前をとって**グリニャール反応**という．簡単な反応で，高収率で進行するので合成的に大切な反応である．反応は次のように進行する．

ハロゲン化アルキル 1 に金属マグネシウムを作用させると，グリニャール試薬 2 が生成する．

このグリニャール試薬をカルボニル化合物 3 に作用させると付加体 4 が生じる．4 を水で分解するとアルコール 5 が生成する．

●発展学習●
マグネシウムの代わりに亜鉛を用いた反応をバルビエール反応という．この反応について調べてみよう．

$$R'-X + Mg \longrightarrow R'-MgX^+$$
　　1　　　　　　　　　　2
　　　　　　　　　　　グリニャール試薬

$$\underset{\text{カルボニル化合物}}{\underset{3}{\overset{R}{\underset{R}{>}}C=O}} + \underset{2}{R'-MgX^+} \longrightarrow \underset{4}{\overset{R}{\underset{R}{>}}C\overset{R'}{\underset{OMgX}{<}}} \xrightarrow{H_2O} \underset{\text{アルコール}}{\underset{5}{\overset{R}{\underset{R}{>}}C\overset{R'}{\underset{OH}{<}}}} + MgX(OH)$$

この一連の反応は，溶媒とマグネシウムの入った反応容器に ① ハロゲン化アルキル，② カルボニル化合物，③ 水 を次々と入れていくだけで進行する（図8・2）．すなわち，途中の生成物を取り出す必要がない．このような反応を，1個の反応容器（ポット）で済む反応という意味で，ワンポットリアクションということがある．

●発展学習●
グリニャール反応は酸素や湿気を嫌うため，反応装置にはいろいろの工夫がこらされている．グリニャール反応の反応装置を調べてみよう．

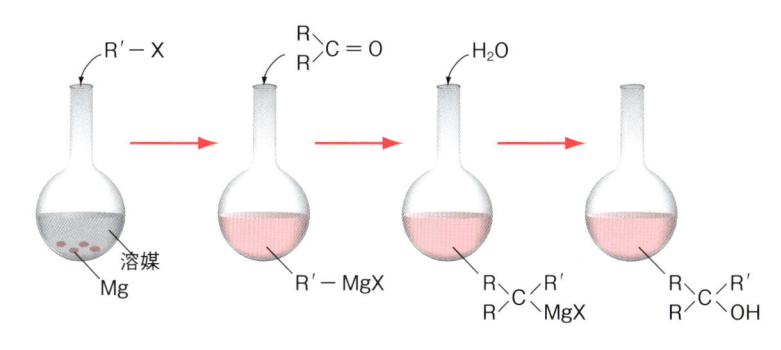

図8・2　グリニャール反応（ワンポットリアクション）

8・3・3　酸化・還元反応

A　酸化反応

アルデヒドは酸化されやすく，酸化されてカルボン酸になる．しかしケトンは酸化されにくい．

$$\underset{\text{アルデヒド}}{R-C\overset{O}{\underset{H}{<}}} \xrightarrow{(O)} \underset{\text{カルボン酸}}{R-C\overset{O}{\underset{OH}{<}}}$$

B 還元反応

カルボニル化合物を還元すると，アルデヒドは第一級アルコールになり，ケトンは第二級アルコールになる。還元の方法には次のようなものがある。

a）接触還元

先に見たように，金属触媒存在下で水素ガスを反応させる。

$$\underset{R}{\overset{R}{>}}C=O \xrightarrow[接触還元]{H_2/Pd} \underset{R}{\overset{R}{>}}CH-OH \quad アルコール$$

b）ヒドリドによる還元

水素化アルミニウムリチウム LiAlH$_4$ などの水素化金属試薬はヒドリド H$^-$ を発生する。ヒドリドがカルボニル炭素を求核攻撃することによって還元する。

$$\underset{R}{\overset{R}{>}}C=O \xrightarrow{\underset{(水素化アルミニウムリチウム)}{LiAlH_4}} \underset{R}{\overset{R}{>}}CH-OH \quad アルコール$$

c）ウォルフ–キシュナー反応

カルボニル化合物とヒドラジンを求核付加させたあと脱水してヒドラゾンとし，これを強塩基で処理すると炭化水素になる。この反応を，発見者の名前をとってウォルフ–キシュナー反応という。

ウォルフ–キシュナー反応：
Wolff-Kishner reaction

$$\underset{R}{\overset{R}{>}}C=O + H_2N-NH_2 \longrightarrow \underset{R}{\overset{R}{>}}C\underset{OH}{\overset{NH-NH_2}{<}}$$

$$\xrightarrow{-H_2O} \underset{R}{\overset{R}{>}}C=N-NH_2 \xrightarrow{NaOH} \underset{R}{\overset{R}{>}}CH_2 \quad 炭化水素$$

8・4 ケト・エノール互変異性

カルボニル化合物はアルコールになり，アルコールはカルボニル化合物になる。

8・4・1 ケト・エノール互変異性

カルボニル基の隣りの炭素（α 炭素）に水素を持つ化合物 1 は瞬間的にアルコール 2 に変化し，次の瞬間 2 は 1 に戻っている。1 はケトな

のでケト形といわれ，**2** は二重結合（命名法で語尾を ene に換えた）を持ったアルコール（ol）なのでエノール形といわれる。

$$\underset{\underset{\mathbf{1}}{\text{ケト形（安定）}}}{\text{R}-\overset{\overset{\text{O}}{\|}}{\text{C}}-\overset{\overset{\text{H}}{|}}{\underset{\underset{\text{R}}{|}}{\text{C}}}-\text{R}} \rightleftarrows \underset{\underset{\mathbf{2}}{\text{エノール形（不安定）}}}{\text{R}-\overset{\overset{\text{O}-\text{H}}{|}}{\text{C}}=\underset{\underset{\text{R}}{|}}{\text{C}}-\text{R}}$$

このように **1** と **2** の構造を瞬間的に行ったり来たりする現象を**ケト・エノール互変異性**という。すなわち，化合物は **1** と **2** の平衡混合物となっている。しかし，一般的にケト形の方が安定なので，化合物は大部分の時間をケト形 **1** で過ごし，**2** のエノール形でいる時間は短い（図 8・3）。

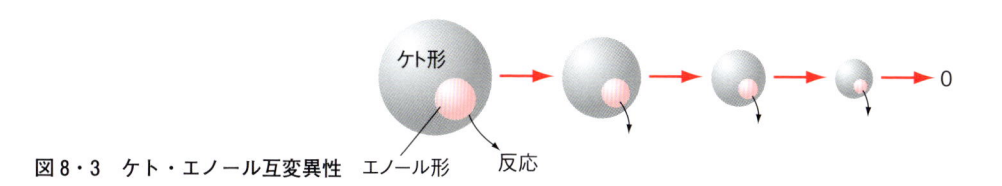

図 8・3　ケト・エノール互変異性　エノール形　反応

8・4・2　エノールを経由する反応

エノール体は不安定であるが反応性に富む。したがってエノール形が反応すると，系は平衡を保つために次々とエノール形に変化し，結局，すべての化合物がエノール形を経由して反応してしまうことになる。

○ **発展学習** ○
フェノールのケト形はどのような構造か考えてみよう。フェノールはなぜエノール形をとっているのか考えてみよう。

A　ヨードホルム反応

$CH_3C=O$ 原子団（アセチル基）を持つ化合物に，塩基性の条件下でヨウ素 I_2 を反応させると黄色結晶のヨードホルム CHI_3 を生じる。この反応を**ヨードホルム反応**という。

$$R-\overset{O}{\underset{\|}{C}}-\overset{H}{\underset{|}{C}}-H_2 \rightleftarrows R-\overset{O-H}{\underset{|}{C}}=CH_2 \longrightarrow R-\overset{O}{\underset{\|}{C}}-\underset{\underset{I}{|}}{C}H_2$$
$$\quad\quad\quad\quad\quad\quad\quad\quad\quad\quad I-I$$

$$\rightleftarrows R-\overset{O-H}{\underset{|}{C}}=CHI \longrightarrow R-\overset{O}{\underset{\|}{C}}-CHI_2 \longrightarrow R-\overset{O}{\underset{\|}{C}}-CI_3$$
$$\quad\quad\quad\quad I-I \quad\quad\quad\quad\quad\quad\quad\quad\quad\quad\quad\quad ^-OH$$

$$\longrightarrow R-\underset{\underset{OH}{|}}{\overset{\overset{O}{|}}{C}}-CI_3 \longrightarrow R-\overset{O}{\underset{\|}{C}}-OH + CHI_3$$
$$\quad\quad\quad\quad\quad\quad\quad\quad\quad\quad\quad\quad\quad\quad \text{ヨードホルム}$$

アセチル基がなければこの反応は進行しないので，ヨードホルム反応を示す化合物はアセチル基を持っていることが証明されたことになる。

反応は，エノール形がケト形に戻るときにヨウ素を攻撃して，結果的にアセチル基の水素が全てヨウ素に置換され，その後，カルボニル炭素を水酸化物イオンが攻撃するものである。

B アルドール縮合

2個のアルデヒドが縮合してアルドールを与える反応を**アルドール縮合**という。反応は，1個のアルデヒドがエノール形になり，これがケト形に戻るときにもう1個のアルデヒドを求核攻撃するものである。

$$H-\underset{\underset{}{\overset{O}{\|}}}{C}-CH_2-R \rightleftarrows H-\underset{}{\overset{O-H}{\underset{}{C}=CHR}} \longrightarrow H-\underset{\underset{}{\overset{O}{\|}}}{C}-\underset{\underset{}{HO-CH-CH_2R}}{CHR}$$

$$H-\overset{O}{\underset{\|}{C}}-CH_2R$$

アルドール

$$\xrightarrow{-H_2O} O=CH-CR=CH-CH_2R$$

不飽和アルデヒド

アルドールは容易に脱水して，二重結合を持った不飽和アルデヒドになる。

●この章で学んだ主なこと

- □ 1　カルボニル化合物はアルコールの酸化や二重結合の酸化的切断によって合成される。
- □ 2　アルデヒドは還元性があり，銀鏡反応やフェーリング反応を行う。
- □ 3　ホルムアルデヒドはホルマリンに含まれ，シックハウス症候群の原因物質である。
- □ 4　アルデヒドは酸化されるとカルボン酸になる。
- □ 5　カルボニル化合物はグリニャール反応によってアルコールを与える。
- □ 6　カルボニル化合物はアルコールと反応するとヘミアセタールを経てアセタールとなる。
- □ 7　カルボニル化合物を接触還元したり，ヒドリドによる還元を行うとアルコールになる。
- □ 8　カルボニル化合物をウォルフ-キシュナー還元すると炭化水素になる。
- □ 9　カルボニル化合物はケト・エノール互変異を行う。
- □ 10　アセチル基を持つ化合物にヨウ素を作用させるとヨードホルムの黄色結晶を生じる。
- □ 11　アルデヒドは2分子が縮合してアルドールを与える。

● 演 習 問 題 ●

1 次の化合物の慣用名を書け。

a) $H-C\diagdown^O_H$ b) $CH_3-C\diagdown^O_H$ c) $C_6H_5-C\diagdown^O_H$ d) $(CH_3)_2C=O$

2 次の酸化反応によって生じる生成物の構造式を書け。

$(CH_3)_2C=C(CH_3)_2 \xrightarrow{(O)}$

$CH_3CH_2(H)C=C(H)CH_2CH_3 \xrightarrow{(O)}$

3 次の反応の生成物を示せ。

A $CH_3CH_2(CH_3)C=O + C_6H_5-OH \longrightarrow$ ヘミアセタール $\longrightarrow$ アセタール

B $CH_3CH=O + H_2N-CH_3 \xrightarrow{-H_2O}$

C $C_6H_5-CHO + CH_3-MgBr \xrightarrow{H_2O}$

D $C_6H_5(CH_3)C=O \xrightarrow{ウォルフ-キシュナー還元}$

E $CH_3-CHO \xrightarrow{アルドール縮合}$

第Ⅲ部　有機化合物の性質と反応

第9章

カルボン酸の反応

● 本章で学ぶこと

カルボン酸はその名前の通り酸であり，H^+ を放出し，青いリトマス試験紙を赤くする。カルボン酸の一種である酢酸は食酢に含まれ，日常生活に欠かせないものである。カルボン酸はアルコールと反応してエステルになる。エステルは一般に芳香をもち，果実などに多種類のものが含まれている。すなわち，カルボン酸は天然に広く存在する化合物である。

ここではカルボン酸の種類と性質，およびその反応について見ていこう。

9・1　酸・塩基

カルボン酸の最大の特徴はその酸としての性質である。ここで酸・塩基，酸性・塩基性という問題を見てみよう。

9・1・1　酸・塩基

酸・塩基は物質の種類の名称である。すなわち，カルボン酸は有機酸と呼ばれることがあるように，典型的な有機物の酸である。酸・塩基は化学において最も重要な考えの一つである。そのため，酸・塩基に関してはいろいろの定義がある。そのうち，有機化学に最も適当な定義はブレンステッドが提出した定義であろう。この定義によれば，

　酸：水素イオン H^+ を放出するもの
　塩基：水素イオンを受け取るもの

ということになる。

この定義によれば，カルボン酸は H^+ を放出するので酸であり，アンモニアやアミンは H^+ を受け取ってアンモニウム塩となるので塩基である（10・1・1項参照）。

ブレンステッド：
　Brønsted, J.

● 発展学習 ●
酸・塩基の定義にはどのようなものがあるか調べてみよう。

酸：H⁺を出すもの

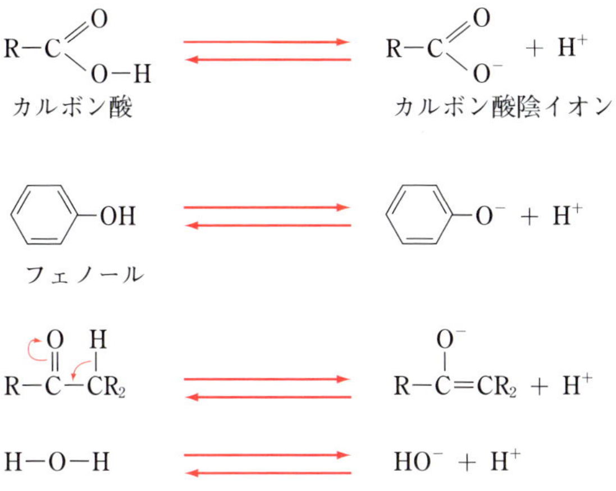

$$R-C{\overset{O}{\underset{O-H}{\nwarrow}}} \rightleftarrows R-C{\overset{O}{\underset{O^-}{\nwarrow}}} + H^+$$

カルボン酸　　　　　　　　　カルボン酸陰イオン

フェノール — OH ⇌ — O⁻ + H⁺

$$R-\underset{\overset{\|}{O}}{C}-\underset{\overset{|}{H}}{C}R_2 \rightleftarrows R-C{=}CR_2 + H^+$$
（左側にO、右側にO⁻）

H—O—H ⇌ HO⁻ + H⁺

塩基：H⁺を受けとるもの

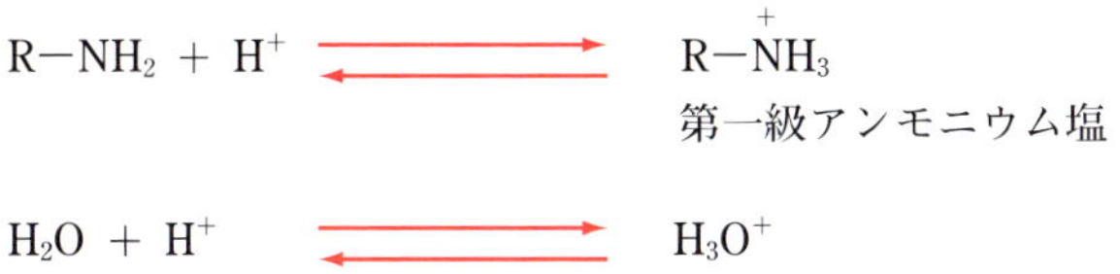

R—NH₂ + H⁺ ⇌ R—NH₃⁺

　　　　　　　　　　　第一級アンモニウム塩

H₂O + H⁺ ⇌ H₃O⁺

9・1・2 酸性・塩基性

酸性・塩基性は酸・塩基を含んだ溶液の性質を表す言葉である。全ての溶液は酸性，中性，塩基性のどれかに分類される。

A 水素イオン指数 pH

酸性・塩基性は溶液中に存在する水素イオン H⁺ の濃度を表す言葉である。H⁺ の濃度は pH（ピーエッチ）によって表すのが一般的であり，便利である。pH の定義は次のようである。

$$\mathrm{pH} = -\log[\mathrm{H}^+]$$

ここで [H⁺] は H⁺ の濃度である。対数表示になっているので，pH の値が 1 違うと濃度は 10 倍異なることになる。また，マイナス（−）が付いているので，濃度が高いほど値が小さいことがわかる。

B pH と酸性・塩基性

酸性・塩基性は純水を基準（中性）にして定義される。すなわち，純水より H⁺ 濃度の高い状態が酸性であり，低い状態が塩基性である。

純水に含まれる H⁺ 濃度は 10^{-7} mol/L であり，pH = 7 である。したがって pH = 7 の状態が中性であり，pH が 7 より小さい状態が酸性，大きい状態が塩基性である。**図 9・1** に身の回りの物質の pH を示す。

● 発展学習 ●
塩基とアルカリ，塩基性とアルカリ性の関係について調べてみよう。

pH はドイツ読みでは"ペーハー"であり，以前はこの読みがよく用いられた。

● 発展学習 ●
水のイオン積とはなんのことか調べてみよう。

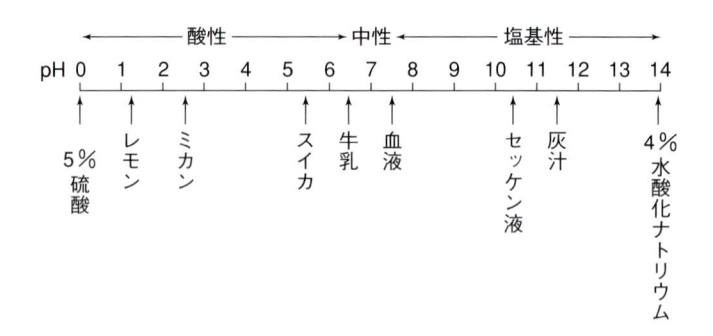

図9・1 身の回りの物質の水素イオン指数 pH

9・2 カルボン酸の種類と性質

カルボキシル基 −COOH を持つ化合物を一般に**カルボン酸**という。

9・2・1 命名法

英語名と日本語名とで異なるので注意を要する。

A 日本語名

炭素数が等しいアルカンの名前を付け，最後に"酸"を付ける。

C3のアルカンはプロパンなので，そのカルボン酸はプロパン酸となる。

B 英語名

炭素数が等しいアルカンの語尾 e を oic acid に換える。したがって，C3のカルボン酸は propane から propanoic acid に変わる。

$$CH_4 \longrightarrow H-C\begin{smallmatrix}O\\OH\end{smallmatrix}$$

日本語名　メタン　　　　　　　　　　　メタン酸
英　名　　methane　　　　　　　　　　methanoic acid
慣　用　名　　　　　　　　　　　　　　ギ酸

C 慣用名

カルボン酸は自然界にたくさんの種類があり，それだけに昔から慣用的な名前で呼ばれてきた。そのため，カルボン酸の名前は，命名法に従うより，慣用名を覚えたほうが実用的である。いくつかの例を**表9・1**に示した。

表 9・1　カルボン酸の慣用名

分類		構造	名称
一価カルボン酸	アルキルカルボン酸	H—CO$_2$H	ギ酸
		CH$_3$CO$_2$H	酢酸
		CH$_3$—CH$_2$—CO$_2$H	プロピオン酸
		CH$_2$=CHCO$_2$H	アクリル酸
	芳香族カルボン酸	⟨benzene⟩—CO$_2$H	安息香酸
二価カルボン酸		CO$_2$H–CO$_2$H	シュウ酸
		CH$_2$(CO$_2$H)$_2$	マロン酸
		⟨benzene⟩(CO$_2$H)$_2$ (ortho)	フタル酸

9・2・2　種類

カルボン酸は多くの種類があるので，その分類法も一様ではない。しかし，次のような分類法はかなり普遍的なものといえよう。

A　アルキルカルボン酸と芳香族カルボン酸

a) アルキルカルボン酸

アルキル基に直接カルボキシル基が付いたものである。ギ酸，酢酸が典型的な例である。

> 酢酸は食酢の成分であり，約3％含まれる。

b) 芳香族カルボン酸

芳香環，具体的にはベンゼン環に直接カルボキシル基が付いたものである。典型的な例は安息香酸である。

> 安息香酸は樹脂から採れる香料 安息香の成分であるが，安息香酸そのものには特別の芳香はない。

B　一価カルボン酸と多価カルボン酸

a) 一価カルボン酸

カルボキシル基が1分子内に1個だけ存在するものである。酢酸や安息香酸が典型的な例である。

b) 多価カルボン酸

1分子内に多数個のカルボキシル基を持つものである。シュウ酸やマロン酸が典型的な例である。

9・3　カルボン酸の合成

カルボン酸を合成する反応は何種類も知られている。ここではその中の代表的なものを見ていこう。

9・3・1　酸化反応

第一級アルコールを酸化するとアルデヒドを経てカルボン酸になる。この反応では出発物の炭素数は変化しない。

$$R-CH_2-OH \xrightarrow{(O)} R-C\begin{smallmatrix}O\\H\end{smallmatrix} \xrightarrow{(O)} R-C\begin{smallmatrix}O\\OH\end{smallmatrix}$$

第一級アルコール　　　アルデヒド　　　カルボン酸

アルキル基の付いたベンゼンを酸化すると，アルキル基の種類に関係なく安息香酸が生成する。またナフタレンを五酸化バナジウム V_2O_5 で酸化するとフタル酸が生じる。

（安息香酸）

（フタル酸）

9・3・2　グリニャール反応

グリニャール試薬と二酸化炭素を反応させるとカルボン酸が生じる。この反応では出発物（グリニャール試薬）の炭素数が1個増加している。

$$R-MgX + O=C=O \longrightarrow R-C\begin{smallmatrix}O\\OMgX\end{smallmatrix} \xrightarrow{H_2O} R-C\begin{smallmatrix}O\\OH\end{smallmatrix}$$

グリニャール試薬

9・3・3　ニトリルの加水分解

ニトリル基 $-CN$ を持つ化合物を加水分解するとカルボン酸になる。ニトリル基は，カルボニル化合物にニトリルイオン（シアン化物イオン）CN^- を作用させることによって容易に合成できる。

$$R-C\equiv N \xrightarrow{H_2O} R-C\underset{OH}{\overset{O}{\lessgtr}}$$

$$R-\underset{H}{\overset{O}{\underset{\|}{C}}}-H \xrightarrow{CN^-} R-\underset{CHCN}{\overset{OH}{|}} \longrightarrow R-\underset{CH}{\overset{OH}{|}}-C\underset{OH}{\overset{O}{\lessgtr}}$$

9・4 カルボン酸の反応

カルボン酸は還元されてアルコールになるほか，アルコールやアミンと反応してエステルやアミドを作る。

9・4・1 還元

カルボン酸を水素化アルミニウムリチウム（LiAlH$_4$）などで還元すると第一級アルコールになる。

$$R-C\underset{OH}{\overset{O}{\lessgtr}} \xrightarrow{LiAlH_4} R-CH_2-OH$$

9・4・2 脱炭酸

カルボン酸を加熱するとカルボキシル基が二酸化炭素として脱離する。この反応は出発物質の炭素数を1個減らす反応でもある。

$$R-C\underset{OH}{\overset{O}{\lessgtr}} \xrightarrow{加熱} R-H + CO_2$$

9・4・3 酸無水物

2個のカルボン酸が脱水縮合すると酸無水物が生成する。酢酸からは無水酢酸が生成する。この反応は分子内でも進行し，二価カルボン酸のフタル酸は無水フタル酸を与える。酸無水物を加水分解すれば元の2分子の酸が生成する。

> 酢酸と無水酢酸は互いに異なる分子である。

$$CH_3-\overset{O}{\underset{\|}{C}}-O-H + H-O-\overset{O}{\underset{\|}{C}}-CH_3 \longrightarrow CH_3-\overset{O}{\underset{\|}{C}}-O-\overset{O}{\underset{\|}{C}}-CH_3 + H_2O$$

酢酸　　　　　　　　　　　　　　　無水酢酸
（カルボン酸）　　　　　　　　　　（酸無水物）

フタル酸 $\xrightarrow{-H_2O}$ 無水フタル酸

9・4・4 エステル化

アルコールと脱水縮合してエステルを与える。エステルを加水分解すると元のカルボン酸とアルコールになる。

$$\underset{\text{カルボン酸}}{R-\underset{\underset{O}{\|}}{C}-O-H} + \underset{\text{アルコール}}{H-O-R} \underset{\text{加水分解}}{\overset{\text{エステル化}}{\rightleftarrows}} \underset{\text{エステル}}{R-\underset{\underset{O}{\|}}{C}-O-R} + H_2O$$

9・4・5 アミド化

アミンと脱水縮合するとアミドとなる。この反応を**アミド化**という。エステルと同様にアミドを加水分解すると元のカルボン酸とアミンを生じる。

$$R-\underset{\underset{O}{\|}}{C}-O-H + \underset{\text{アミン}}{H-\underset{\underset{H}{|}}{N}-R} \underset{\text{加水分解}}{\overset{\text{アミド化}}{\rightleftarrows}} \underset{\text{アミド}}{R-\underset{\underset{O}{\|}}{C}-\underset{\underset{H}{|}}{N}-R} + H_2O$$

分子内にカルボキシル基とアミノ基を持つアミノ酸は脱水縮合してアミドを作る。しかし、アミノ酸からできたアミドは特に**ペプチド**と呼ばれ、反応はペプチド化と呼ばれる。アミノ酸はペプチド化を繰り返すことによって何個でも連結することができる。このようにしてできた生成物をポリペプチドという。タンパク質はポリペプチドの一種である。

$$H_2N-\underset{H}{\overset{R^1}{C}}-\underset{\underset{O}{\|}}{C}-OH + H-\underset{H}{\overset{H}{N}}-\underset{H}{\overset{R^2}{C}}-CO_2H \xrightarrow[-H_2O]{\text{ペプチド化}} \underset{\text{ペプチド}}{H_2N-\underset{H}{\overset{R^1}{C}}-\underset{\underset{O}{\|}}{C}-\underset{H}{\overset{H}{N}}-\underset{H}{\overset{R^2}{C}}-CO_2H}$$

● **この章で学んだ主なこと**

- □ 1 酸とは H^+ を出すものであり、塩基とは H^+ を受け取るものである。
- □ 2 有機物では典型的な酸はカルボン酸であり、典型的な塩基はアミンである。
- □ 3 酸性とは H^+ が純水より高濃度な状態であり、塩基性は H^+ が少ない状態である。
- □ 4 25℃において中性はpH＝7であり、pHが7より小さいと酸性、大きいと塩基性である。
- □ 5 カルボン酸はアルコールやアルデヒドの酸化、グリニャール試薬と二酸化炭素の反応などで作ることができる。
- □ 6 カルボン酸を $LiAlH_4$ で還元すると第一級アルコールになる。
- □ 7 カルボン酸を加熱すると二酸化炭素を脱離する。
- □ 8 2個のカルボキシル基から脱水が起こると酸無水物が生成する。
- □ 9 カルボン酸とアルコールが脱水縮合するとエステルができる。

□**10** カルボン酸とアミンが脱水縮合するとアミドができる。
□**11** アミノ酸からできたアミドをペプチド，アミド化の反応をペプチド化と呼ぶ。

● 演 習 問 題 ●

1 次の化合物の慣用名を書け。

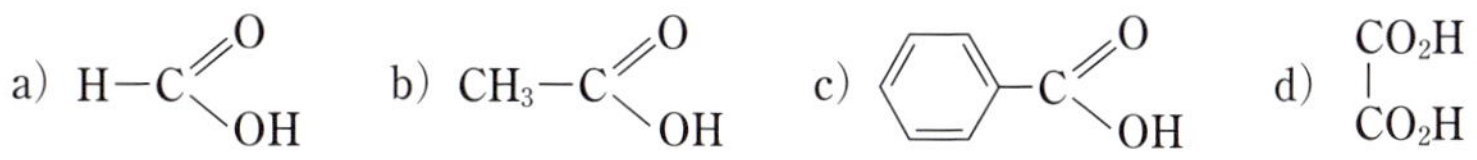

a) H−C(=O)OH   b) CH₃−C(=O)OH   c) C₆H₅−C(=O)OH   d) CO₂H−CO₂H

2 次の対になる用語の意味の違いをそれぞれ説明せよ。

a) 酸と塩基   b) 酸性と塩基性

3 次の反応の生成物を書け。

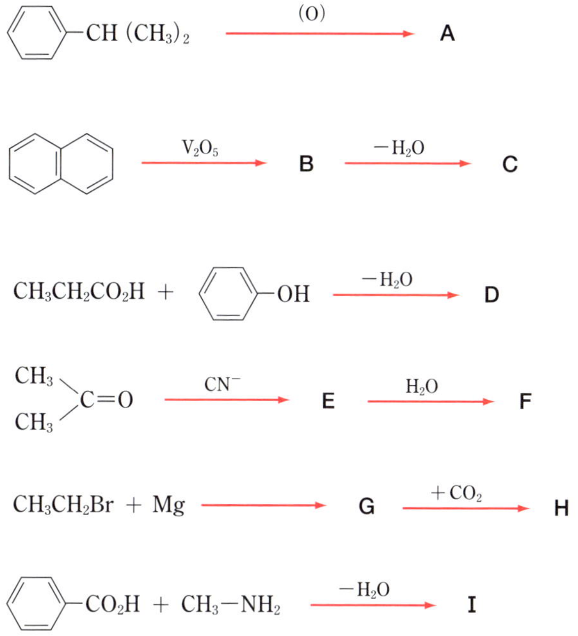

C₆H₅−CH(CH₃)₂ —(O)→ **A**

ナフタレン —V₂O₅→ **B** —−H₂O→ **C**

CH₃CH₂CO₂H + C₆H₅−OH —−H₂O→ **D**

(CH₃)₂C=O —CN⁻→ **E** —H₂O→ **F**

CH₃CH₂Br + Mg ⟶ **G** —+CO₂→ **H**

C₆H₅−CO₂H + CH₃−NH₂ —−H₂O→ **I**

第 III 部　有機化合物の性質と反応

第 10 章

ベンゼンおよび置換基の反応

● 本章で学ぶこと

　ベンゼンは芳香族化合物の典型である。芳香族は安定であり，反応性は低いが，行う反応には重要なものが多い。ベンゼンの反応はベンゼン骨格を保持するため，置換反応が大部分である。すでに置換基を持つベンゼンにさらに置換を行う場合には，2番目の置換基の入る位置が問題になる。これを配向という。

　置換基は変化しないものではなく，適当な反応によって別の置換基に変化させることも可能である。

　本章ではこのようなことを見ていこう。

10・1　含窒素置換基の反応

　これまでに，酸素を含む置換基を持つ有機物の性質や反応性を見てきた。置換基には窒素を含むものもあり，それらも有機物に特徴的な性質と反応性を持たせる。

10・1・1　アミノ基

　置換基 $-NH_2$ を**アミノ基**といい，アミノ基を持つ化合物を一般に**アミン**という。アミンはアンモニア NH_3 の誘導体と見ることができ，アンモニアの水素が有機の置換基に置換したものと考えることができる。

　置換基が1個のものを第一級アミン，2個のものを第二級アミン，3個のものを第三級アミン，4個付いてカチオンになったものを第四級アンモニウム塩という。

　アミンは水素イオン H^+ を受け取ることができるので塩基であり，典型的な有機物の塩基である。

　アミンはカルボン酸と脱水縮合して**アミド**となる。

R^1-NH_2　　$R^1-\overset{R^2}{\underset{}{N}}H$　　$R^1-\overset{R^2}{\underset{R^3}{N}}-R^3$　　$R^1-\overset{R^2}{\underset{R^4}{\overset{+}{N}}}-R^3$

第一級アミン　　第二級アミン　　第三級アミン　　第四級アンモニウム塩

CH_3-NH_2　　　　C₆H₅-NH₂　　　$HO_2C-\overset{R}{\underset{}{C}}H-NH_2$

メチルアミン　　　アニリン　　　　アミノ酸

$R-NH_2 + H^+ \rightleftarrows R-NH_3^+$ （塩基性）

$R-\overset{H}{\underset{}{N}}-H + HO-\overset{O}{\underset{}{C}}-R \longrightarrow R-NH-\overset{O}{\underset{}{C}}-R + H_2O$

アミン　　　カルボン酸　　　　　アミド

10・1・2　ニトロ基

　置換基 $-NO_2$ を**ニトロ基**という。ニトロ基を導入するには，次節で見るように硝酸を用いる。グリセリンに硝酸を作用させると硝酸エステルのニトログリセリンができる。ニトログリセリンは強い爆発力を持つが，不安定で少しの衝撃で爆発するため，実用的な爆薬ではない。

　ニトログリセリンを珪藻土に吸着させると安定なダイナマイトになることを発見したのがノーベルである。

$$\begin{array}{l}CH_2-OH \\ CH-OH \\ CH_2-OH\end{array} \begin{array}{l}HO-NO_2 \\ HO-NO_2 \\ HO-NO_2\end{array} \longrightarrow \begin{array}{l}CH_2-O-NO_2 \\ CH-O-NO_2 \\ CH_2-O-NO_2\end{array} + 3\,H_2O$$

ニトログリセリン

10・1・3　ニトリル基

　置換基 $-CN$ を**ニトリル基**，あるいはシアノ基という。ニトリル基を導入するにはシアン化ナトリウム（青酸ナトリウム）NaCN などシアン酸（青酸）系の試薬を用いるが，これらは強い毒性をもつので取り扱いには厳重な注意が必要である。ニトリル基を持つニトリル化合物にも毒性の強いものがあるので注意が大切である。

　ニトリル基を加水分解するとカルボキシル基になる。

$$R-C\equiv N + 2\,H_2O \longrightarrow R-C\overset{O}{\underset{OH}{\diagdown}} + NH_3$$

青酸カリ（シアン化カリウム）：KCN
青酸ソーダ（青酸ナトリウム；シアン化ナトリウム）：NaCN

10・2 ベンゼンの反応

ベンゼン骨格は芳香族骨格で安定な骨格である。そのため，ベンゼンの反応はベンゼン骨格を残す方向で進行する。すなわち，ベンゼンの反応はベンゼンの水素を置換基に変換する置換反応が大部分を占めることになる。

10・2・1 ニトロ化

ベンゼンはベンゼン環全体に広がる π 電子で覆われている。そのため，求電子試薬の攻撃を受けやすい。求電子試薬による置換反応を求電子置換反応，**SE 反応**という。

● 発展学習 ●
ベンゼンの反応には SE 反応以外にどのようなものがあるか調べてみよう。

SE 反応の代表的なものに**ニトロ化**がある。ベンゼン **1** に硫酸存在下で硝酸を作用させるとニトロベンゼン **2** が生成する。

$$\text{C}_6\text{H}_6 \ (\mathbf{1}) + \text{HNO}_3 \longrightarrow \text{C}_6\text{H}_5\text{NO}_2 \ (\mathbf{2})$$

反応は次のように進行する。まず硝酸 **3** に H$^+$ が付加して **4** となり，水が外れてニトロニウムイオン **5** が生成し，これが求電子試薬となる。**5** がベンゼンと反応するとカチオン中間体 **6** となり，ここから H$^+$ が外れると最終生成物 **2** となる。

$$\text{HO-NO}_2 \ (\mathbf{3}) \xrightarrow{\text{H}^+} \overset{\text{H}}{\text{HO-NO}_2} \ (\mathbf{4}) \longrightarrow {}^+\text{NO}_2 \ (\mathbf{5}) + \text{H}_2\text{O}$$

SE 反応には，ニトロ化だけでなく以下に示すようにいくつかの種類があるが，反応機構は全て等しい。違うのは求電子試薬（この例では **5**）だけである。

10・2・2 スルホン化

ベンゼンに硫酸を作用させるとベンゼンスルホン酸 **8** が生成する。求核試薬は硫酸から生じた **7** である。

$$\text{HO-SO}_3\text{H} \xrightarrow{\text{H}^+} {}^+\text{SO}_3\text{H} + \text{H}_2\text{O}$$
                           7

C₆H₆ + ⁺SO₃H → [中間体] → C₆H₅-SO₃H
                                    8
                          ベンゼンスルホン酸

10・2・3 塩素化

ベンゼンに第二塩化鉄 FeCl₃ の存在下で塩素 Cl₂ を作用させると塩化ベンゼン **9** が生成する．求核試薬は，FeCl₃ と Cl₂ から生じた錯塩である [FeCl₄]⁻ Cl⁺ から発生する塩素カチオン Cl⁺ である．

$$\text{FeCl}_3 + \text{Cl}_2 \longrightarrow [\text{FeCl}_4]^- \text{Cl}^+$$

C₆H₆ + ⁺Cl → [中間体] → C₆H₅-Cl
                                9
                          塩化ベンゼン

10・2・4 フリーデル-クラフツ反応

ベンゼンに塩化アルミニウム AlCl₃ 存在下で塩化アルキル R−Cl を作用させるとアルキルベンゼン **10** が生成する．この反応を発見者の名前をとって**フリーデル-クラフツ反応**という．この反応の求核試薬は AlCl₃ と R−Cl から生じたカチオン R⁺ である．

フリーデル-クラフツ反応：
Friedel-Crafts reaction

$$\text{AlCl}_3 + \text{R-Cl} \longrightarrow [\text{AlCl}_4]^- \text{R}^+$$

C₆H₆ + R⁺ → [中間体] → C₆H₅-R

$$\text{C}_6\text{H}_6 + \text{R-COCl} \xrightarrow{\text{AlCl}_3} \text{C}_6\text{H}_5\text{-CO-R}$$
                                                        10
                                                アルキルベンゼン

同様の反応を酸塩化物 RCOCl を用いて行うと，アシル基 −RC＝O が導入されてカルボニル化合物が生成する。この反応を発見者の名前をとってフリーデル-クラフツ・アシル化反応ということがある。

10・2・5 ベンザインの反応

塩化ベンゼンに強塩基条件下でアンモニアを作用させると，塩素がアミノ基に変わったアニリンが生成する。この反応は一見したところ，Cl が NH₂ に置き換わった置換反応のようである。

しかし，塩化ベンゼンの塩素が結合している炭素を同位体の ^{13}C に換えた化合物 1 を用いて反応させたところ，導入されたアミノ基の位置が異なる 2 と 3 の 2 種類の生成物が得られた。これは，置換反応では説明できない現象である。

反応は 1 から塩化水素 HCl が脱離した三重結合中間体 4 を経由した付加反応であることが明らかとなった。中間体 4 をベンザインという（図 10・1）。

> 三重結合を形成する 4 個の炭素 C−C≡C−C は一直線になるので，環状化合物に三重結合を組み込むことは困難である。また無理に組み込まれた三重結合は不安定であり，反応性が高くなる。

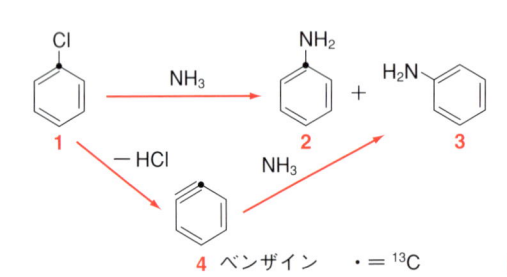

図 10・1　ベンザインの反応

10・3　置換反応の配向性

一置換ベンゼンに SE 反応を行うと，置換の起こる位置が置換基によって決定される。これを配向性という。

10・3・1　メタ配向性

ニトロベンゼン 1 にニトロ化を行うと，3 種類のジニトロベンゼンが生じる可能性があるが，実際にはメタ-ジニトロベンゼン 3 のみが生じ，オルト置換体 2，パラ置換体 4 は生じない（図 10・2）。

この現象はニトロ化だけでなく，スルホン化，フリーデル-クラフツ反応など，ニトロベンゼンを用いる反応全てに現れる。したがって，置換反応をメタ位に限る働きはニトロベンゼン 1 のニトロ基にあることになる。

図 10・2　ニトロベンゼンのメタ配向性

このように，SE 反応をメタ位に限定する作用を**メタ配向性**といい，ニトロ基，カルボキシル基などに特有なものである。これは，これらの置換基がベンゼン環のオルト位，パラ位の電子を求引したからである。その結果オルト位，パラ位がプラスに荷電し，求電子試薬が攻撃できなくなったのである（図 10・3）。

● 発展学習 ●
置換基を 2 個持つベンゼン誘導体の配向性はどのようになるか調べてみよう。

図 10・3　メタ配向性置換基　　メタ配向性置換基　—C≡N，—NO₂，—COR，—SO₃H

10・3・2　オルト・パラ配向性

塩化ベンゼン 5 にニトロ化を行うと，オルト体 6，パラ体 8 は生じるが，メタ体 7 は生じない（図 10・4）。このように SE 反応をオルト位，パラ位に限定する作用を**オルト・パラ配向性**という。オルト・パラ配向性を示す置換基は，塩素や酸素などのように非共有電子対を持つものとアルキル基である（図 10・5）。

これらの置換基は非共有電子対の電子をベンゼン環に流し込み，それが主にオルト位とパラ位に溜まるため，求電子試薬が攻撃しやすくなるからである。

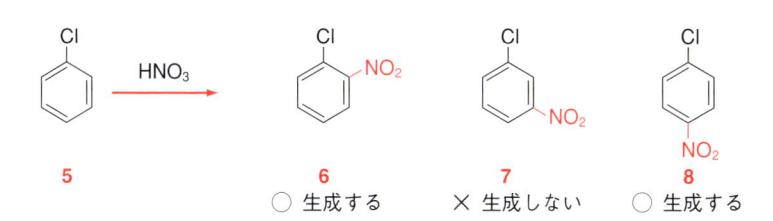

図 10・4　塩化ベンゼンのオルト・パラ配向性

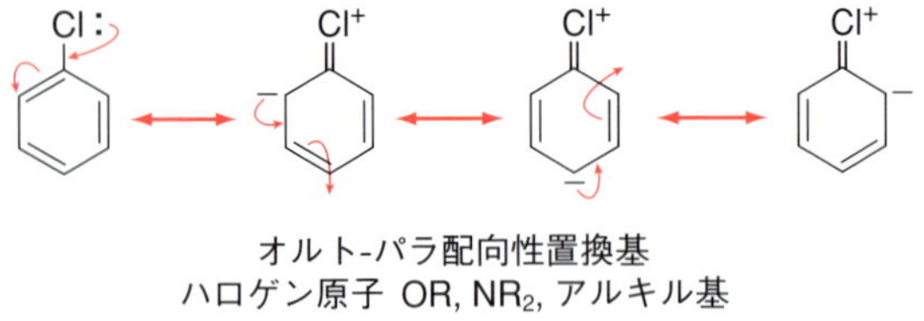

オルト-パラ配向性置換基
ハロゲン原子 OR, NR₂, アルキル基

図 10・5　オルト・パラ配向性置換基

10・4　置換基の変換

置換基に化学反応を施すと別の置換基に変化する。

10・4・1　アルキル基 → カルボキシル基

アルキル基の付いたベンゼン 1 を酸化すると，アルキル基が酸化されてカルボキシル基となり，安息香酸 2 が生じる。

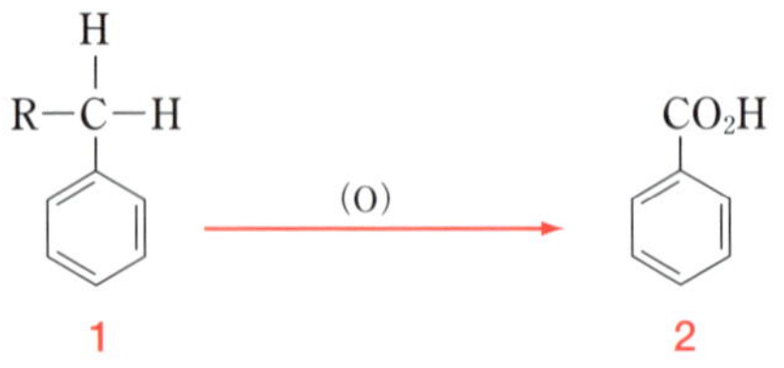

10・4・2　スルホニル基 → ヒドロキシ基

ベンゼンスルホン酸 3 に固体水酸化ナトリウムを加え，溶媒のない状態で加熱して溶融するとフェノールのナトリウム塩 4 が生じる。これを水で分解するとフェノール 5 が生成する。

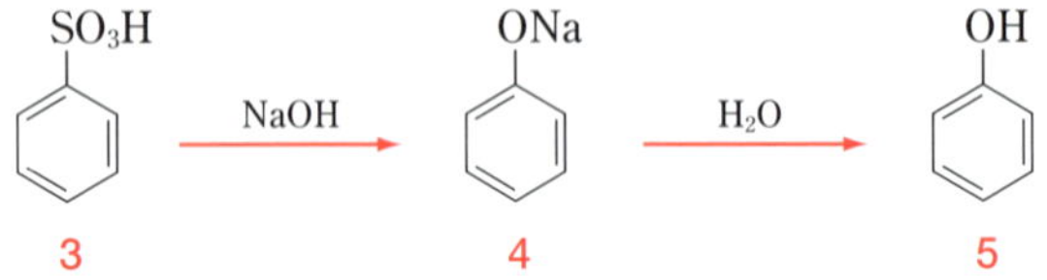

10・4・3　ニトロ基 → アミノ基

ニトロベンゼン 6 に塩酸と金属スズ Sn を作用させると，ニトロ基が還元されてアミノ基になり，アニリン 7 が生成する。

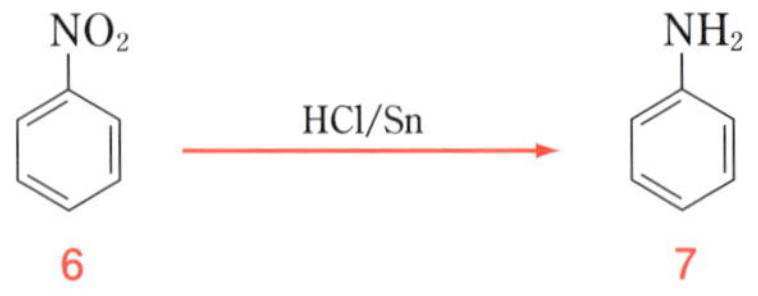

10・4・4 アミノ基 → ジアゾニウム塩

アニリン 7 に塩酸を作用させて塩酸塩 8 とし，亜硝酸ナトリウム $NaNO_2$ を作用させると塩化ベンゼンジアゾニウム 9 を生成する。

塩化ベンゼンジアゾニウムは種々のベンゼン誘導体に変化する。すなわち，酸で処理するとフェノールとなり，リン酸で処理するとベンゼンに戻る。また，シアン化銅を作用させるとベンゾニトリル 10 となる（図 10・6）。この反応は特に発見者の名前をとって**サンドマイヤー反応**と呼ばれる。

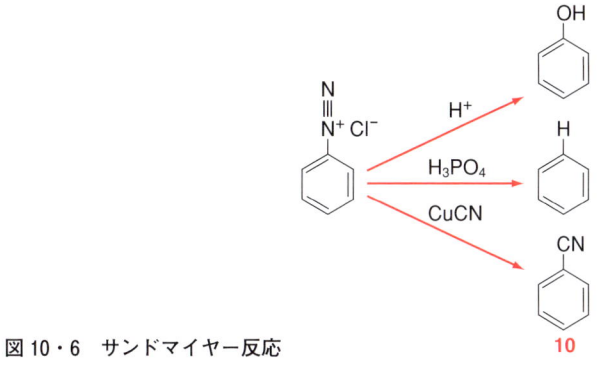

図 10・6　サンドマイヤー反応

10・4・5 カップリング反応

塩化ベンゼンジアゾニウムは**カップリング反応**を行う。この反応はアニリン誘導体，フェノール誘導体などと反応して合体（カップリング）した化合物，アゾ化合物を与えるものである。アゾ化合物は強い色彩を持つものが多く，**アゾ染料**の名前で呼ばれる染料として利用されるものもある。

○発展学習○
アゾ染料にはどのようなものがあるか調べてみよう。

●この章で学んだ主なこと

- □1 アミンはH$^+$を受け取ることができる塩基である。
- □2 ニトロ基を含むものには爆発性のものがある。
- □3 ニトリル基を含むものは毒性を持つことがある。
- □4 ベンゼンは主に求電子置換反応（SE反応）を行う。
- □5 求電子置換反応にはニトロ化，スルホン化，塩素化などがある。
- □6 フリーデル-クラフツ反応はベンゼンに炭素を結合させる反応である。
- □7 ベンゼン骨格に三重結合を導入した化合物をベンザインという。
- □8 メタ配向性置換基はSE反応をメタ位に限定する。
- □9 オルト・パラ配向性置換基はSE反応をオルト位とパラ位に限定する。
- □10 アルキル基はカルボキシル基に，スルホニル基はヒドロキシ基に，ニトロ基はアミノ基に変化できる。
- □11 塩化ベンゼンジアゾニウムは種々のベンゼン誘導体に変化できる。
- □12 カップリング反応はアゾ染料を作るのに用いられる。

●演習問題●

1 次の化合物の名前を書け。

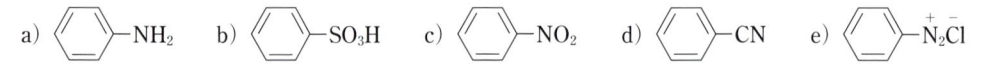

a) C$_6$H$_5$-NH$_2$ b) C$_6$H$_5$-SO$_3$H   c) C$_6$H$_5$-NO$_2$ d) C$_6$H$_5$-CN   e) C$_6$H$_5$-N$_2^+$Cl$^-$

2 次の反応の生成物を示せ。

3-クロロトルエン $\xrightarrow[\text{ベンザイン}]{\text{NH}_3}$

3 次の反応の生成物を示せ。

a) C$_6$H$_6$ + CH$_3$CH$_2$COCl $\xrightarrow{\text{AlCl}_3}$ **A**

b) ニトロベンゼン $\xrightarrow{\text{ニトロ化}}$ **B**

c) トルエン $\xrightarrow{\text{H}_2\text{SO}_4}$ **C** + **D**

d) (2-クロロトルエン) $\xrightarrow[\text{ベンザイン機構}]{\text{NH}_3}$ **E** + **F**

e) C₆H₅–N≡NCl + C₆H₅–N(CH₃)₂ ⟶ **G**

f) (ベンゼン) $\xrightarrow{\text{H}_2\text{SO}_4}$ **H** $\xrightarrow{\text{NaOH}}$ **I** $\xrightarrow{\text{H}_2\text{O}}$ **J**

第Ⅲ部 有機化合物の性質と反応

第11章

高分子化合物

● 本章で学ぶこと

　家庭にはプラスチック，化学繊維，ゴム，ポリエチレン，PET，ナイロン，高分子（化合物）等々の化学物質が氾濫している。ところで，高分子化合物とは何なのだろうか？　またプラスチック，PET，ゴムなどとは何なのだろう？　この問題に答えるのはかなり難しいのではなかろうか？

　PETは高分子化合物であり，時にはプラスチックとなり，時には化学繊維となる，というと余計ゴチャゴチャになる。

　ここでは，これらの用語の関係と，それぞれの化学物質がどのような構造であり，どのような性質を持つのかについて見ていこう。

11・1　高分子化合物の種類

　プラスチック，合成樹脂，化学繊維，高分子（化合物）。これらは私たちの日常生活を支えるものである。これらの用語の関係はどうなっているのだろうか？

11・1・1　高分子化合物

　メタンやベンゼンは数個の炭素原子や水素原子からできた分子である。それに対して，天然物にはデンプン，タンパク質，ゴムなど，非常に多くの原子からできていると考えられる物質がある。これらの分子はどのような構造をしているのだろうか？　この問題は非常に難しい問題である。その答えを明らかにしたのはドイツの化学者スタオジンガーであり，1926年のことであった。

　彼は，これらの物質は比較的小さな単位分子が多数個共有結合によって連なっていると考えた。これは鎖にたとえることができる。鎖は多数

スタオジンガー：
　Staudinger, H.

11・1 高分子化合物の種類　107

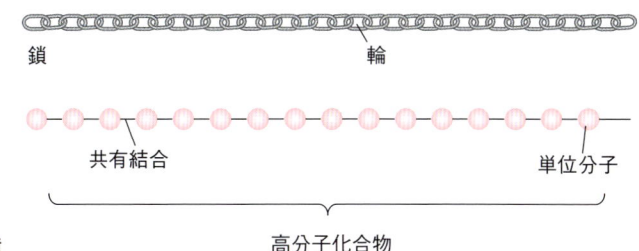

図 11・1　高分子化合物の構造

個の輪からできている。高分子化合物は鎖に相当し，輪に相当するのが単位分子である（図 11・1）。

11・1・2　高分子化合物の種類

高分子化合物には多くの種類がある。また，PET はプラスチックであると同時に化学繊維でもあるというように，一つの分子がいくつかの種類に分類されるなど，高分子化合物の分類は複雑である。分類の一例を表 11・1 に示した。

高分子化合物には，天然にある天然高分子化合物と，人類が作りだした合成高分子化合物がある。このうち，天然高分子化合物については次の第 12 章で見ることにしよう。

● 発展学習 ●
身の回りにある高分子化合物の製品をあげてみよう。

樹脂は植物が分泌する油脂で，松脂（まつやに），ゴム，漆（うるし）等がある。琥珀（こはく）は樹脂が化石化したものである。

表 11・1　高分子化合物の分類例

天然高分子化合物	糖，タンパク質，DNA	
合成高分子化合物	ゴム	SBR ゴム
	熱可塑性樹脂　合成樹脂	ナイロン，ポリエステル
	熱可塑性樹脂　汎用樹脂	ポリエチレン，ポリスチレン
	熱可塑性樹脂　エンプラ*	ポリエステル，ポリアミド
	熱硬化性樹脂	フェノール樹脂

* エンジニアリングプラスチック

11・1・3　合成高分子化合物

合成高分子化合物は合成樹脂ともいわれる。またプラスチックという名前で呼ぶこともある。

合成高分子化合物は熱可塑性樹脂（高分子）と熱硬化性樹脂（高分子）に分けることができる。熱可塑性樹脂は加熱すると軟らかくなる樹脂で，ポリエチレンや PET など多くの種類がある。それに対して熱硬化性樹脂は，食器や電気コンセントなどに使われるフェノール樹脂などのように，加熱しても軟らかくならない（図 11・2）。

プラスチックは塑性を意味するギリシャ語プラスチコスに由来する言葉で，粘土などのように自由に成形することのできるものをいう。

熱硬化性樹脂は塑性を持たない。そのためプラスチックには含めないという立場もある。

図 11・2　熱可塑性樹脂・熱硬化性樹脂

11・2　熱可塑性樹脂

熱可塑性樹脂とは加熱すると可塑性になる樹脂，すなわち加熱すると軟らかくなり，粘土のように形を自由に変形できる樹脂である。

11・2・1　熱可塑性樹脂の種類

熱可塑性樹脂というのはいわば原料の名前であり，この原料を使っていわゆるプラスチック，化学繊維，ゴムなどを作る。

また，汎用樹脂とエンプラ（エンジニアリングプラスチック）に分けることもある。汎用樹脂はバケツやビンなど一般の家庭に使われる樹脂であり，エンプラは歯車やエンジン部品など工業用に使われるものである。

11・2・2　ポリエチレンの仲間

ポリエチレンの"ポリ"は"たくさん"という意味である。この名前の通り，ポリエチレンはたくさんのエチレンが結合したものである。

A　ポリエチレン

図 11・3に示したように，エチレンの二重結合が解裂し，隣り同士で単結合で結合する。この結果，巨大なアルカンが生成することになる。これがポリエチレンである。

そのため，ポリエチレンは非常に硬い物質である。にもかかわらずポリエチレン製品に軟らかいものがあるのは，可塑剤（図 11・4）が混入されているからである。可塑剤の量は多い場合には製品重量の 50 % にも達する。

$$H_2C=CH_2 + H_2C=CH_2 + H_2C=CH_2 + \cdots\cdots$$
$$\longrightarrow H\substack{-}(H_2C-CH_2)_1(CH_2-CH_2)_2(CH_2-CH_2)_3 \cdots -(CH_2-CH_2)_n-H$$

ポリエチレン　$n =$ 数千

図 11・3　ポリエチレンのできかた

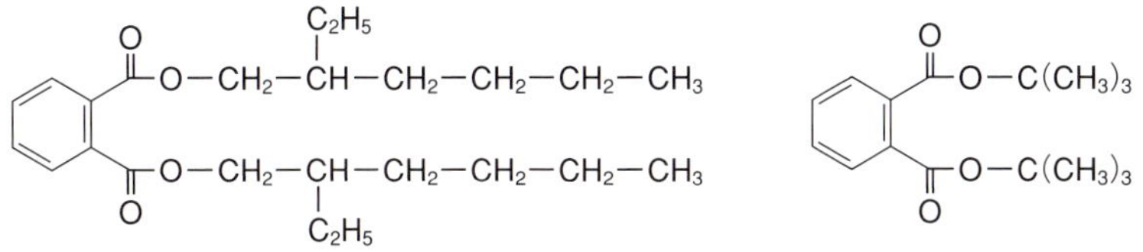

図11・4 ポリエチレンの可塑剤の例

B ポリ塩化ビニル・ポリスチレン

置換基を持ったエチレンも全く同様な反応を行う。塩化ビニルを用いればポリ塩化ビニル（エンビ）となり，スチレンを用いればポリスチレンとなる。ポリスチレンを発泡させたものが発泡ポリスチレン（発泡スチロール）である（図11・5）。

○発展学習○
水族館の水槽に使われるアクリル樹脂の構造を調べてみよう。

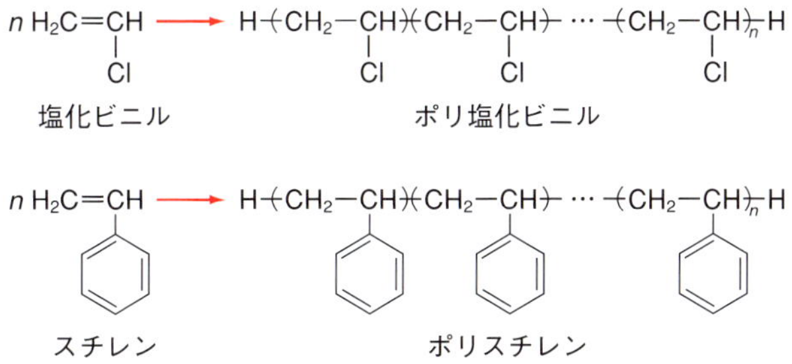

図11・5 ポリ塩化ビニル・ポリスチレンのできかた

11・2・3 ナイロン

ナイロンは，タンパク質のように多くの分子がアミド結合で連結したものである。すなわち，アミノ酸のように一分子の中にアミノ基とカルボキシル基を持つ分子が互いに脱水縮合したものである（図11・6）。

ストッキングなどの衣料や，ロープ，魚網など工業用製品として欠かせないものである。

○発展学習○
ナイロンにはナイロン6とナイロン66がある。違いを調べてみよう。

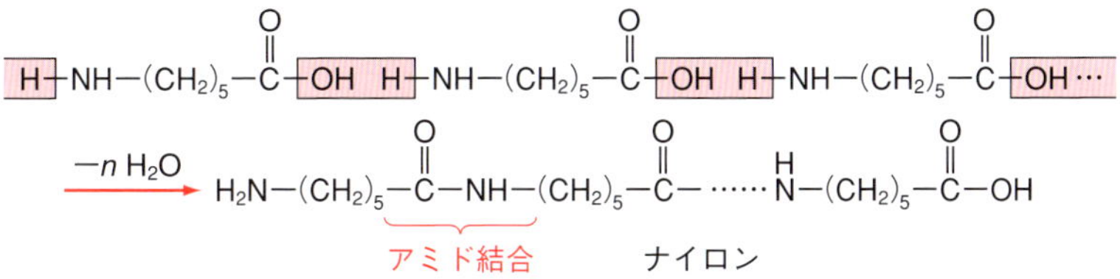

図11・6 ナイロンのできかた

11・2・4 PET

PETは polyethylene terephthalate ポリエチレンテレフタレートの頭文字を並べたものである。ナイロンがアミド結合で連結したものである

110　第11章　高分子化合物

図11・7　PETのできかた

のに対して，PETはエステル結合で連結したものである。すなわち2種類の化合物，エチレングリコールという二価アルコールとテレフタル酸という二価カルボン酸が脱水縮合したものである（図11・7）。

PETは化学繊維として使われることもあり，そのときには一般にポリエステルという名前で呼ばれることが多い。

ダクロンやテトロンはPETを原料とした化学繊維の商品名である。

11・3　化学繊維とゴム

熱可塑性樹脂を使ってできるものに，プラスチックと共に化学繊維がある。

11・3・1　化学繊維

熱可塑性樹脂の分子は長い糸状である。プラスチックではこの分子が無秩序に絡みあっている。しかしよく見ると分子が束になっている部分がある。このような部分を結晶性部分と呼ぶ（図11・8）。

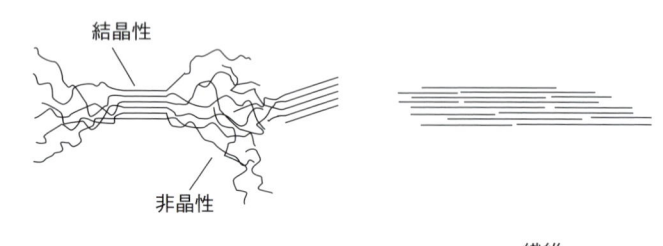

図11・8　プラスチックの結晶性部分

A　組成

化学繊維では全ての分子が同じ方向に並び，繊維全体が結晶性になっている。結晶性になると分子間の引力が強く働くので物理的に強靱となる。さらに分子間隔が狭くなるので他の試薬が入りにくくなり，耐薬品性も強くなる。

●発展学習●
アクリル繊維の構造を調べてみよう。

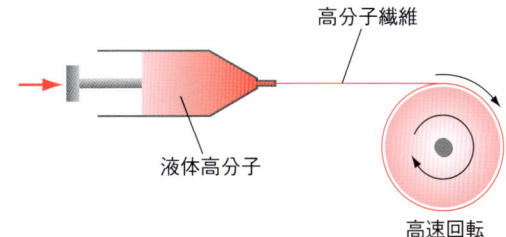

図 11・9　化学繊維の製造法

B　製造法

化学繊維を作るには，高熱下で液体状態の高分子化合物を細いノズルから押し出し，それを高速で引っ張って巻き取る（図 11・9）。こうすることによって分子を物理的に一方向に並べるのである。

11・3・2　ゴ　ム

ゴムの分子は普段は丸まってボールのようになっている。しかし引っ張られるとそのボールが解けて伸びる。そして力が取り去られるとまた元のボール状に戻る。これがゴムの弾力性の原因である。

このような弾性をエントロピー弾性という。

天然ゴムは引っ張ると伸びるが，ズルズルと伸び続けて切れてしまう。そのため，硫黄を加えて分子間につながり（架橋構造）を作る。このようにすると復元力が増し，弾性を持つようになる。この操作を加硫という（図 11・10）。

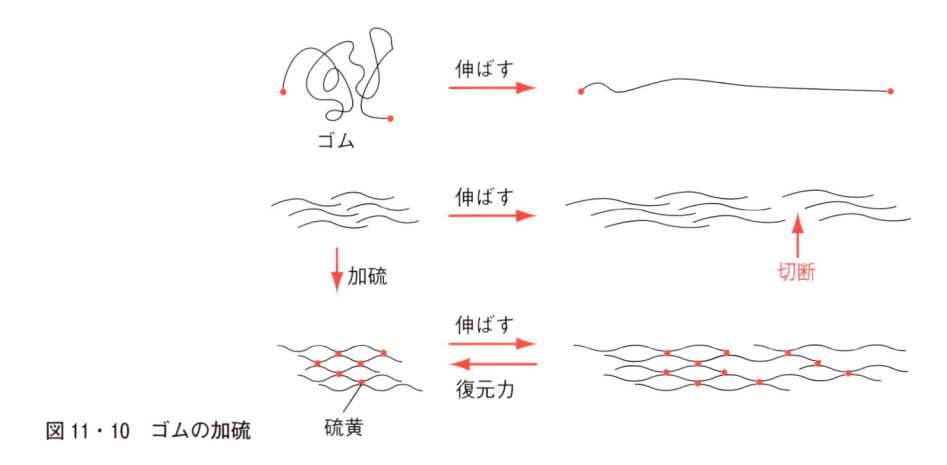

図 11・10　ゴムの加硫

11・3・3　熱硬化性樹脂

熱可塑性樹脂の分子構造は糸状であり，一次元構造である。それに対して熱硬化性樹脂の分子構造は三次元である。つまり，カゴ状の分子構造が製品全体に広がっているのである（図 11・11）。そのため，熱に強い。

● 発展学習 ●
身の回りにある熱硬化性樹脂の製品をあげてみよう。

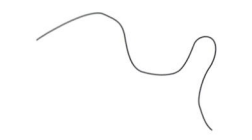

熱可塑性樹脂

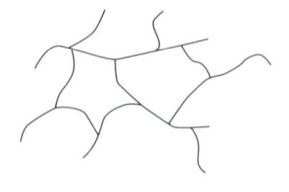

熱硬化性樹脂

図 11・11 熱可塑性樹脂と熱硬化性樹脂の構造

この成形過程は，せんべいを焼く過程になぞらえればわかりやすいかもしれない。

A 分子構造

熱硬化性樹脂の一種にフェノール樹脂がある。これはフェノールとホルムアルデヒドを原料とするものであり，図 11・12 に示したように網目状に構造が広がっている。ホルムアルデヒドは原料ではあるが，製品の分子構造からはホルムアルデヒドは消え去っている。しかし，微量ではあるが未反応のホルムアルデヒドが製品に残る。それが浸み出してくるのがシックハウス症候群の原因である。

B 加工

熱硬化性樹脂は加熱しても軟らかくならないので，加工ができない。

熱硬化性樹脂を製品化するには，樹脂になる途中段階，つまり重合が完全に進行していない原料を用いる。これは加熱すると軟らかくなる。このものを用いて熱可塑性樹脂と同様に加熱成形し，その後，さらに加熱する。すると型の中で重合が進み，完全な熱硬化性樹脂となる（側注参照）。

熱硬化性樹脂という名前はこのような成形操作からついた名前である。

図 11・12 フェノール樹脂のできかた

11・4 機能性高分子

高分子化合物には，容器や繊維になるだけでなく，特殊な性能，機能を持つものがある。このような高分子化合物を特に機能性高分子という。

11・4・1　生分解性高分子

高分子化合物の利点は物理的にも化学的にも安定で丈夫なことである。しかしこのため，不要となった高分子製品が環境中にあふれ，問題となる。その解消のために開発されたのが生分解性高分子である。

生分解性高分子の一つであるポリ乳酸は，環境中で半年ほどで分解されて乳酸になり，乳酸はさらに微生物によって分解され二酸化炭素と水になる。

$$\left(\text{O}-\underset{\underset{\text{CH}_3}{|}}{\text{CH}}-\overset{\overset{\text{O}}{\|}}{\text{C}}\right)_n \xrightarrow{\text{分解}} \text{HO}-\underset{\underset{\text{CH}_3}{|}}{\text{CH}}-\overset{\overset{\text{O}}{\|}}{\text{C}}-\text{OH} \xrightarrow{\text{微生物}} \text{CO}_2 + \text{H}_2\text{O}$$

ポリ乳酸　　　　　　　　　　乳酸

> 手術用の糸に用いると後の抜糸の手間が省ける。

11・4・2　伝導性高分子

多くの有機物は絶縁体であり，有機物の一種である高分子化合物も多くは絶縁体である。しかし，アセチレンを重合したポリアセチレンは違う。

$$n\,\text{H}-\text{C}\equiv\text{C}-\text{H} \longrightarrow \text{H}(\text{CH}=\text{CH})(\text{CH}=\text{CH})\cdots(\text{CH}=\text{CH})\text{H}$$

アセチレン　　　　　　　ポリアセチレン

ポリアセチレンそのものの電気伝導度は非常に小さく，絶縁体である。しかしこれにヨウ素や五フッ化ヒ素 AsF_5 を加えた（この操作をドープという）ものは金属なみの伝導度を持つ。このようなものを伝導性高分子という。さまざまな高分子化合物の電気伝導度を**図 11・13** に示す。

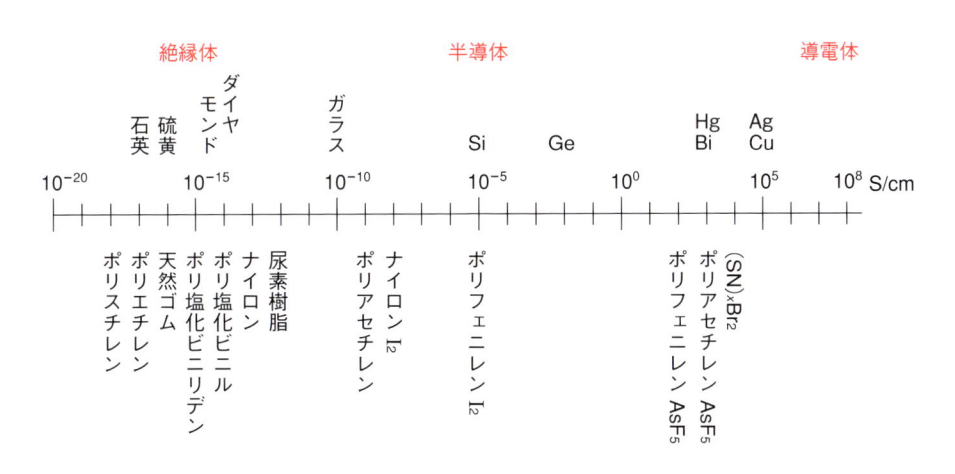

図 11・13　高分子化合物の電気伝導度（S＝ジーメンス）

11・4・3 高吸水性高分子

紙おむつに利用される高分子化合物のように，自重の1000倍もの重量の水を吸収することのできる高分子化合物を高吸水性高分子という。

高吸水性高分子の分子構造は三次元の網目構造になっており，水をシッカリと保持できる。さらに分子にはカルボキシル基のナトリウム塩が結合している。このため，水を吸うとナトリウム塩が電離し，カルボキシルアニオンができる。このアニオンの静電反発によってカゴの目が広がり，さらに大量の水を吸収するのである（図11・14）。

砂漠に埋めてその上に植樹すると，水やりの回数が少なくて済み，活着率が上がる。

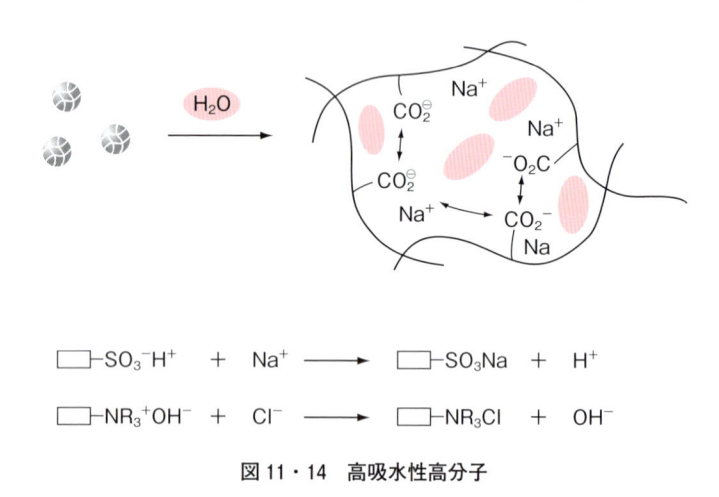

□―$SO_3^-H^+$ ＋ Na^+ ⟶ □―SO_3Na ＋ H^+

□―$NR_3^+OH^-$ ＋ Cl^- ⟶ □―NR_3Cl ＋ OH^-

図11・14 高吸水性高分子

11・4・4 イオン交換高分子

液体中に含まれるイオンを別のイオンに置き換える高分子化合物である。よく使われるものは，溶液中のカチオンをH^+に，アニオンをOH^-に，それぞれ置き換えるものである。

この高分子化合物に海水を通すと，海水中のNa^+，Cl^-はそれぞれH^+，OH^-に置き換わるので，塩が除かれて海水が真水になる（図11・15）。すなわち海水の真水化設備に使われるのである。

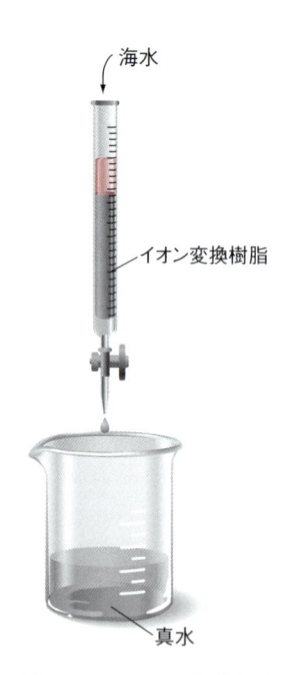

図11・15 イオン交換高分子による海水の真水化

● この章で学んだ主なこと

- □1 高分子化合物は小さな単位分子が多数個共有結合したものである。
- □2 ポリエチレンは多数個のエチレンが重合したものであり，ポリ塩化ビニルやポリエステルも同様の高分子化合物である。
- □3 ナイロンは単位分子がアミド結合で結合したものである。
- □4 PETやポリエステルは単位分子がエステル結合で結合したものである。
- □5 化学繊維は長い分子が一定方向を向いて束になった構造をしている。
- □6 ゴムの分子は毛糸玉のように丸まっているので，引っ張られると解けて長くなる。
- □7 PETやポリエチレンは加熱すると軟らかくなる熱可塑性高分子の一種である。
- □8 食器に使う高分子化合物は加熱しても軟らかくならない熱硬化性高分子である。
- □9 いろいろの機能を持った高分子化合物を機能性高分子という。
- □10 日常生活で使う高分子化合物を汎用樹脂，工業用に使われる高分子化合物をエンプラという。

● 演 習 問 題 ●

次の文章のうち，正しいものに○，間違っているものに×を付けよ。

1 合成樹脂と化学繊維の分子は同じものである。
2 熱硬化性樹脂を高温にすると焦げ，やがて燃える。
3 ゴムが伸びるのはゴム分子の化学結合が伸びるからである。
4 生分解性高分子は体内で分解される高分子であり，食用になる。
5 高吸水性高分子が水を吸うのは毛細管現象である。
6 高分子化合物は有機物であるので電気を通さない。
7 海水を真水に換える高分子化合物がある。
8 熱硬化性樹脂の中にはホルムアルデヒドを出すものもある。
9 デンプンやタンパク質は天然物であり，高分子化合物ではない。
10 発泡スチロールはゴムの一種である。
11 高分子化合物は小さい単位分子が水素結合によって連なったものである。
12 合成樹脂と合成繊維の違いは分子の集合状態の違いによるものである。
13 ペットボトルとポリエステル繊維の原料は化学的に同じものである。

第 Ⅳ 部 生命と有機化学

第 12 章

生体と有機化学

● 本章で学ぶこと

　岩石や大気などを扱う無機化学に対して，有機化学はもともと生体起源の物質を扱う学問である。したがって，生体，生命現象と有機化学は深い関わりがある。
　ここでは生体を構成する有機化合物に焦点を当ててみよう。生体を構成する有機物の代表的なものは，デンプン，セルロースなど植物体を構成する糖類，筋肉など動物体を構成するタンパク質，両者に共通な油脂，そして，生体活動を円滑に進行させるためのビタミン，ホルモンなどの微量物質である。
　ここではこれらの物質の構造，作用について見ていこう。

12・1 糖類

　生物は太陽エネルギーを利用して生きている。生物の中で最初に太陽エネルギーを固定するのは植物である。植物は水と二酸化炭素を原料とし，太陽エネルギーを用いて単糖類を合成する。この単糖類が2個結合して二糖類となり，さらに結合して多糖類となる。そして動物はこれら植物の作った糖類を摂取することによって間接的に太陽エネルギーを利用し，生命活動を行っているのである。
　糖類の分子式は $C_n(H_2O)_m$ で表されるので，炭水化物と呼ばれることもある。

12・1・1 単糖類

　デンプンやセルロースは鎖のように長い分子であり，多糖類と呼ばれる天然高分子の一種である。
　多糖類を構成する単位分子が単糖類と呼ばれるものである。単糖類の主なものにグルコース（ブドウ糖），フルクトース（果糖）がある。

図12・1　単糖類グルコース・フルクトースの構造

グルコースは環状構造と鎖状構造の平衡混合物であり，環状構造には立体構造の違いにより α 形と β 形がある（図12・1）。

12・1・2　二糖類

2個の単糖類が脱水縮合したものを二糖類と呼ぶ。二糖類の主なものにスクロース（ショ糖（砂糖））やマルトース（麦芽糖）がある。マルトースは2個の α-グルコースからできており，スクロースは α-グルコースとフルクトースからできている（図12・2）。スクロースを加水分解してグルコースとフルクトースの混合物にしたものは砂糖より甘く，保湿力があるので，ダイエット食品や菓子作りに用いられる。

● 発展学習 ●
転化糖とは何か調べてみよう。

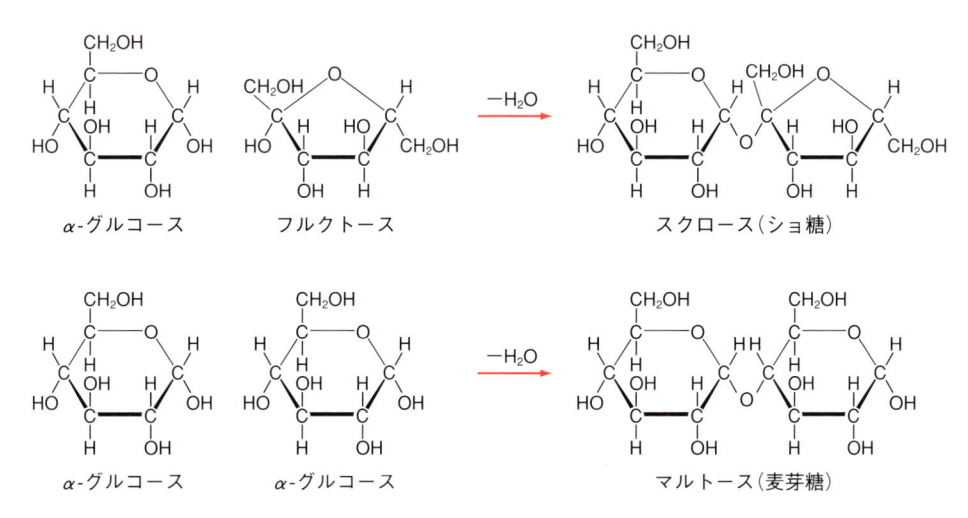

図12・2　二糖類スクロース・マルトースの構造

12・1・3　多糖類

多糖類の代表はデンプンとセルロースである。デンプンは α-グルコースが脱水縮合したものであり，セルロースは β-グルコースが脱水縮合したものである（図12・3）。ヒトはセルロースを分解できないので，食料として利用することはできない。

デンプンには直鎖状構造のアミロースと枝分かれ構造のアミロペクチ

α-グルコース　　デンプン

β-グルコース　　セルロース

図 12・3　多糖類デンプン・セルロースの構造

● 発展学習 ●
キチン，ヒアルロン酸とはどのようなものか調べてみよう。

ンがある（図 12・4）。もち米のデンプンは全てがアミロペクチンであるが，うるち米（普通の米）は 30 % 程度のアミロースを含む。アミロースはラセン状の構造をとっている。

アミロースのラセン構造はグルコース 6 個で 1 ループを作っている。ヨード-デンプン反応は，ヨウ素分子がデンプンのラセン構造の中に入り込むことによって起こる。

一つ一つがグルコース

アミロース　　アミロペクチン

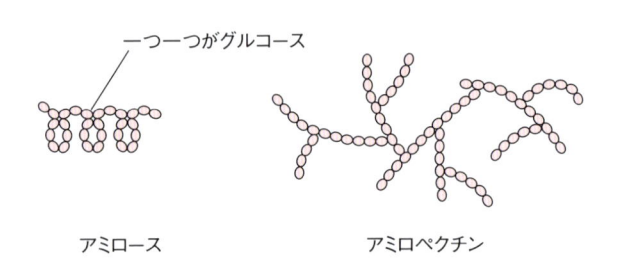

図 12・4　アミロースとアミロペクチン

12・2　タンパク質

　タンパク質は筋肉となって動物の体を支えるだけではない。酵素として生体反応を制御したり，DNA から RNA への転写を制御したりと，生命活動の根源を統括する物質である。
　タンパク質はアミノ酸という単位分子が結合した天然高分子である。

12・2・1　アミノ酸

　タンパク質を加水分解するとアミノ酸になる。天然に存在するアミノ酸は約 20 種類に過ぎない。
　アミノ酸は 1 個の炭素に適当な置換基 R のほかに，水素 H，アミノ基 $-NH_2$，カルボキシル基 $-CO_2H$ という，互いに異なる 4 種の置換基が

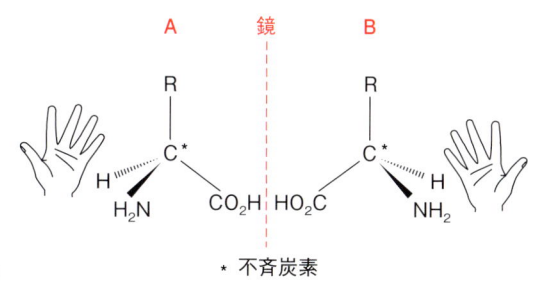

図 12・5　アミノ酸の光学異性体

付いた構造をしているので光学異性体を持つ（**図 12・5**；ただし，最も簡単な構造のグリシンには光学異性体がない）（光学異性体については 4・4・1 節参照）。それぞれを D 体，L 体と呼ぶが，天然には極めて少数の例外を除いて L 体しか存在しない。

● 発展学習 ●
化学調味料に用いられるアミノ酸の種類を調べ，それらが L 体であることを確認しよう。

12・2・2　ポリペプチド

アミノ酸はアミノ基とカルボキシル基の間で脱水縮合してペプチドを作る。この結合は普通はアミド結合と呼ばれるが，アミノ酸の場合だけ特に**ペプチド結合**と呼ばれる。たくさんのアミノ酸の結合したものを**ポリペプチド**と呼ぶ（**図 12・6**）。ポリペプチドにおいて約 20 種類のアミノ酸がどのような順序で並ぶかは，タンパク質の構造を決定する大きな要素である。

アミノ酸の結合順序をタンパク質の一次構造ということがある。

図 12・6　ポリペプチドのできかた

12・2・3　α-ヘリックスと β-シート

タンパク質はポリペプチドであるが，全てのポリペプチドがタンパク質というわけではない。ポリペプチドのうち，再現性のある立体構造をしたものだけをタンパク質という。

タンパク質において立体構造は決定的に重要な働きをする。その立体

α-ヘリックスと β-シートを，タンパク質の二次構造ということがある。

120 ● 第 12 章　生体と有機化学

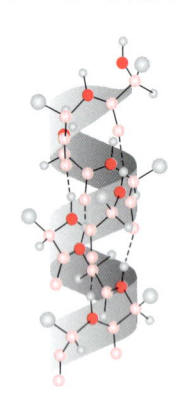

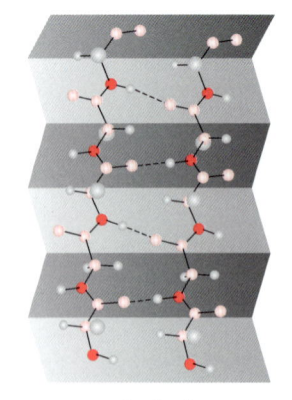

α - ヘリックス　　　　β - シート　　　　図 12・7　α-ヘリックスとβ-シート

構造の基本になるのがラセン構造の α-ヘリックスと平面構造の β-シートである（図 12・7）。β-シートはポリペプチド鎖が折りたたまれてできた平面である。そのため，表記するときには矢印で表されることが多い。
➡ がペプチド鎖 1 本（一部分）である（図 12・8）。

● 発展学習 ●
コラーゲンとはどのようなタンパク質か調べてみよう。

α - ヘリックス

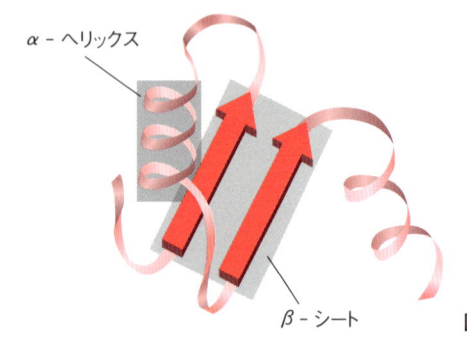

β - シート

図 12・8　タンパク質の立体構造

12・2・4　立体構造

　長いポリペプチド鎖のある部分が α-ヘリックスとなり，別の部分が β-シートになったものがタンパク質の立体構造である（図 12・8）。このような立体構造をとることができるのはポリペプチドの一部だけであり，そのようなものだけをタンパク質と呼ぶのである。

α-ヘリックスと β-シートの組み合わせ，さらにはタンパク質の集合構造を，タンパク質の高次構造と呼ぶことがある。血液中にあって酸素運搬をするヘモグロビンは 2 種類 4 個のタンパク質の集合体である。

12・3　油　脂

　生体に含まれる油分を油脂という。油脂には常温で液体の脂肪油と，固体の脂肪がある。

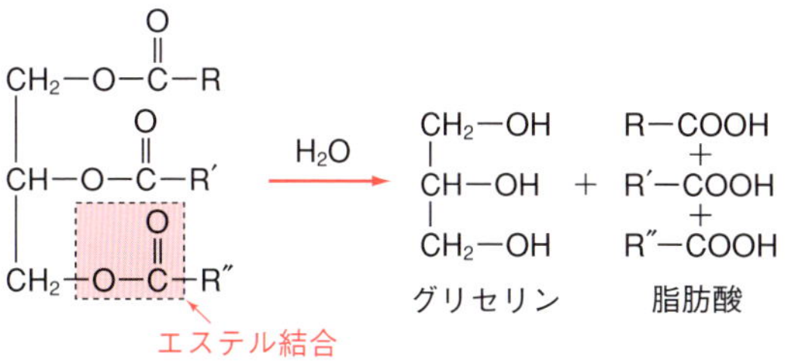

図 12・9　油脂の構造

12・3・1　油 脂 の 構 造

油脂を加水分解すると，三価アルコールのグリセリンと，カルボン酸である脂肪酸になる。このことは，油脂がグリセリンと脂肪酸の間のエステルであることを示すものである（**図 12・9**）。

脂肪酸には多くの種類があり，動物油と植物油，いわし油と牛油の違いなどは脂肪酸の違いに基づくものである。

12・3・2　脂 肪 酸

脂肪酸はカルボン酸の一種であるが，天然に存在する脂肪酸には炭素数が 26 個程度のものまでが知られている。そのうち炭素数が 11 個以下のものを一般に低級脂肪酸，12 個以上のものを高級脂肪酸と呼ぶ。また，不飽和結合を含まないものを飽和脂肪酸，含むものを不飽和脂肪酸という。魚に含まれている EPA や DHA は不飽和高級脂肪酸である（**表 12・1**）。

ギ酸や酢酸も脂肪酸の一種である。

表 12・1　脂肪酸の分類

	飽和脂肪酸	不飽和脂肪酸
低級脂肪酸	$CH_3(CH_2)_6CO_2H$ カプリル酸	$CH_2{=}CH(CH_2)_8CO_2H$ ウンデシレン酸
高級脂肪酸	$CH_3(CH_2)_{14}CO_2H$ パルミチン酸	$HO_2C-CH_2-CH_2-CH_2-CH{=}CH-CH_2-CH{=}CH-CH_2$ $CH_3-CH_2-CH{=}CH-CH_2-CH{=}CH-CH_2-CH{=}CH$ イコサペンタエン酸（EPA） （炭素数：20　二重結合数：5）
	$CH_3(CH_2)_{16}CO_2H$ ステアリン酸	$HO_2C-CH_2-CH_2-CH{=}CH-CH_2-CH{=}CH-CH_2-CH{=}CH$ $CH_3-CH_2-CH{=}CH-CH_2-CH{=}CH-CH_2-CH{=}CH-CH_2$ ドコサヘキサエン酸（DHA） （炭素数：22　二重結合数：6）

12・3・3　分 子 膜

脂肪酸のナトリウム塩は石鹸である。石鹸のアニオン部分は水に溶けやすいので親水性部分と呼ばれる。それに対してアルキル基部分は水に

発展学習
中性洗剤，逆性石鹸の構造を調べてみよう。

図12・10 両親媒性分子（界面活性剤）

●発展学習●
分子膜を作る分子は，結合はしていないが互いに引き合っている。このような引き合う力にはどのようなものがあるのか調べてみよう。

溶けないので疎水性部分といわれる。このように分子内に親水性部分と疎水性部分を持つものを両親媒性分子，あるいは界面活性剤と呼ぶ（図12・10）。

両親媒性分子を水に溶かすと，親水性部分は水中に入り，疎水性部分は空気中に残る。その結果，両親媒性分子は水面に浮かぶ。両親媒性分子の濃度を上げると，水面は両親媒性分子で覆われる。この状態の分子集団はまるで膜のような状態であるので，これを分子膜という（図12・11）。

したがって，分子膜は分子の集団であり，分子の間には結合がないのである。そのため，分子膜を作る分子は分子膜の中を移動し，さらには分子膜から離脱したり，また元に戻ったりと，自由に行動している。

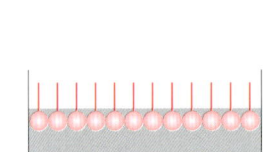

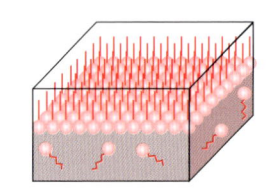

図12・11 分子膜

12・3・4 細胞膜

分子膜は重ねることができ，そのような膜を二分子膜という。シャボン玉は二分子膜の袋であり，膜と膜の間に水が入ったものである（図12・12）。

細胞膜も二分子膜でできた袋の一種である。ただし，細胞膜を作る両親媒性分子はリン脂質であり，油脂から1分子の脂肪酸が外れ，代わり

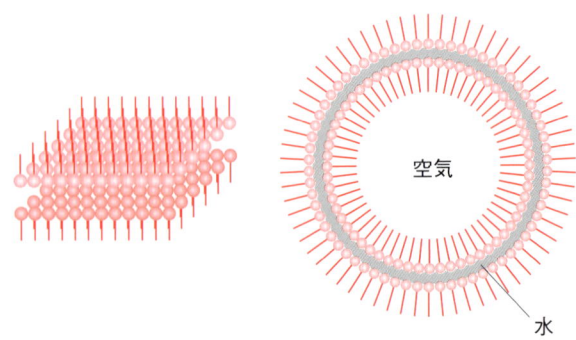

図12・12 二分子膜

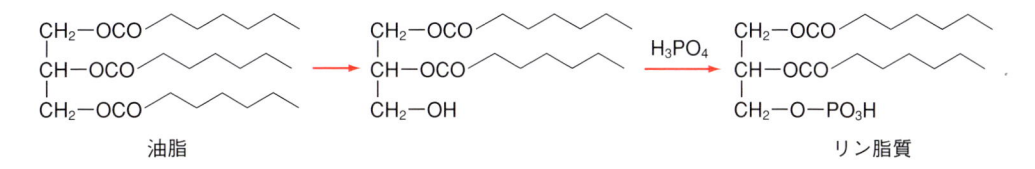

図12・13　細胞膜の両親媒性分子リン脂質

にリン酸が結合したものである．そのため，リン脂質は1分子内に疎水性部分が二つある（図12・13）．

このような分子が作った二分子膜にタンパク質や糖が挟み込まれたもの，それが細胞膜なのである（図12・14）．細胞膜は細胞を構成する非常に重要な要素であり，それを作っているのが油脂なのである．

生命体か非生命体かの判定条件に，細胞膜の有無を含める立場もある．

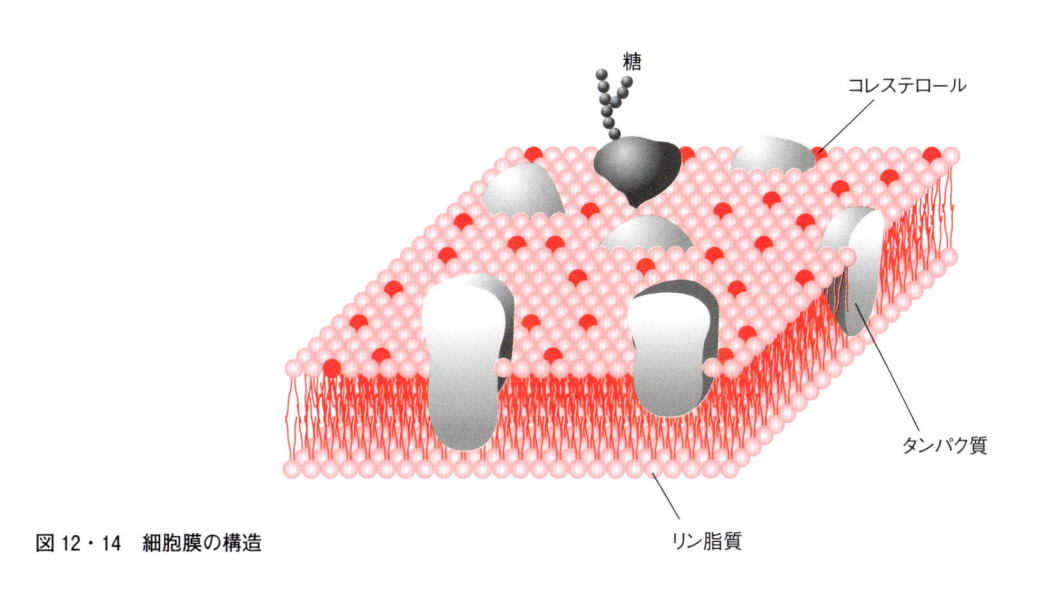

図12・14　細胞膜の構造

12・4　微量物質

存在量は微量だが，生体の活動を調節するなど，重要な働きをしている物質を微量物質という．

12・4・1　ビタミン

生体の活動を調節する物質のうち，ヒトが体内で生合成できないものをビタミンという（図12・15）．

A　脂溶性ビタミン

水に溶けず，油脂に溶けるビタミンである．

ビタミンA：視覚に重要な働きをする．欠乏すると鳥目になる．

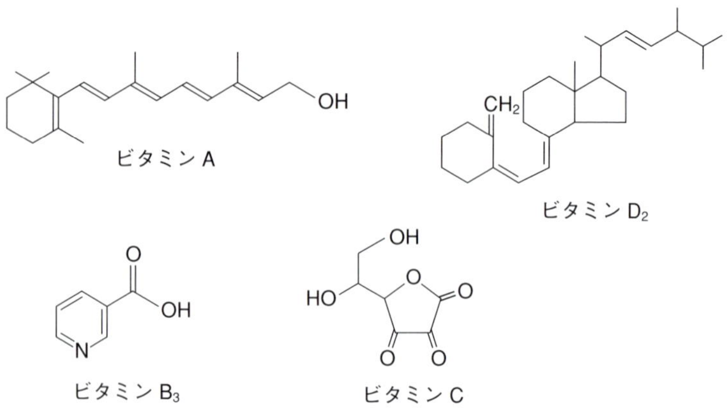

●発展学習●
ビタミンAはカロテンから生成される。カロテンとはどのようなものか調べてみよう。

ビタミンA

ビタミンD₂

ビタミンB₃

ビタミンC

図 12・15　さまざまなビタミンの構造

　　　ビタミンD：カルシウムの吸収を促進する。不足するとくる病になる。
　B　水溶性ビタミン
　　　水に溶けるビタミンである。
　　　ビタミンB：多くの種類があるが，不足すると脚気になる。
　　　ビタミンC：不足すると壊血病になる。

12・4・2　ホルモン

●発展学習●
テストステロンやプロゲステロンはステロイドとも呼ばれる。ステロイド骨格とはどのようなものか調べてみよう。

　　特定の臓器で生産され，血流に乗って標的臓器に送られ，そこで固有の機能を発揮するものをホルモンという（図 12・16）。
　　性ホルモン：生殖腺で生産され，生殖に重要な働きをするものである。男性ホルモンや女性ホルモンがある。
　　インスリン：すい臓で生産され，糖の代謝を支配する。不足すると糖尿病になる。
　　チロキシン：甲状腺で生産され，成長や変態に関係する。

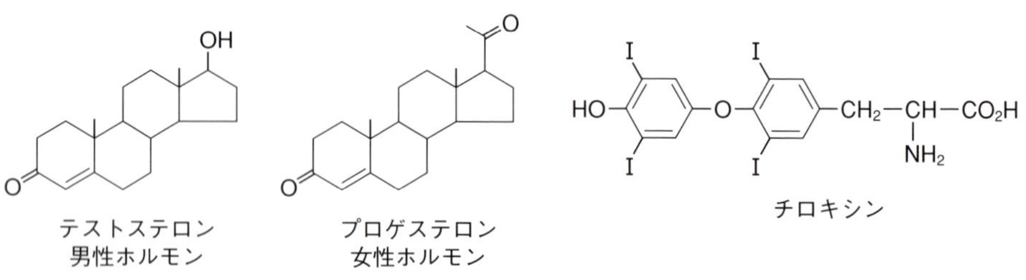

テストステロン
男性ホルモン

プロゲステロン
女性ホルモン

チロキシン

図 12・16　さまざまなホルモンの構造

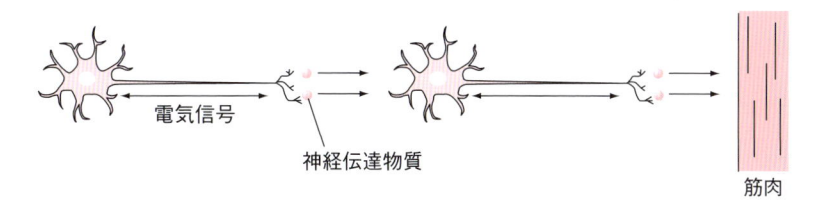

図12・17　神経線維を介した情報伝達のしくみ

12・4・3　神経伝達物質

　筋肉と脳を結ぶ情報は神経線維を伝わって伝達する．脳と筋肉の間は距離があり，何本もの神経線維を経由して情報が伝わる（図12・17）．

　1本の神経線維内の情報伝達は電気信号で行われる．しかし，神経線維間の伝達，神経線維と筋肉の間の伝達は化学物質によって行われる．このように，神経伝達を行う化学物質を神経伝達物質という．アセチルコリン，セロトニンなどが知られている（図12・18）．

● 発展学習 ●
神経細胞内の電気信号はどのような仕組みで発生するのか調べてみよう．

図12・18　神経伝達物質

● この章で学んだ主なこと

- □ 1 　糖には単糖類，二糖類，多糖類がある．
- □ 2 　多糖類は天然高分子であり，デンプンやセルロース等がある．
- □ 3 　タンパク質は約20種類のアミノ酸からなる天然高分子である．
- □ 4 　アミノ酸は不斉炭素を持ち，光学活性物質である．
- □ 5 　タンパク質は α-ヘリックスと β-シートを基本骨格とする複雑な立体構造を持つ．
- □ 6 　油脂はグリセリンと脂肪酸からなるエステルである．
- □ 7 　脂肪酸塩は両親媒性分子であり，分子膜を作る．
- □ 8 　細胞膜はリン脂質からなる二分子膜である．
- □ 9 　生体機能を調節する微量物質のうち，ヒトが体内で生合成できないものをビタミンという．
- □ 10　特定の臓器で作られ，他の標的臓器に送られてそこで機能を発揮する微量物質をホルモンという．
- □ 11　神経線維間，神経線維と筋肉との間で情報伝達する物質を神経伝達物質という．

演習問題

1. 単糖類，二糖類，多糖類の種類を二つずつあげよ。
2. デンプンとセルロースの違いを説明せよ。
3. ポリペプチドとタンパク質の違いを説明せよ。
4. 2個のアミノ酸からペプチドが生成する化学式を示せ。
5. 油脂の構造式を示せ。
6. 低級脂肪酸と高級脂肪酸の違いを説明せよ。
7. 次のビタミンが欠乏したときに現れる病名をあげよ。
   ビタミン A，ビタミン B，ビタミン C，ビタミン D
8. ホルモンの名前を三つあげ，その機能を説明せよ。
9. 神経伝達物質の働きを説明せよ。
10. 次の文章で，正しいものに○，間違っているものに×をつけよ。
    a) 植物は太陽エネルギーを用いて糖を作る。
    b) セルロースにはアミロースとアミロペクチンがある。
    c) 生物は D-アミノ酸と L-アミノ酸を同等に用いてタンパク質を作る。
    d) タンパク質の機能は動物の体を作ることだけである。
    e) 油脂は細胞膜を作る原料物質である。
    f) 細胞膜を作る分子は互いに結合し，丈夫な膜を作っている。
    g) ヒトは自分でビタミンを生合成することができる。

第Ⅳ部　生命と有機化学

第13章

遺伝と有機化合物

● 本章で学ぶこと

　一人の人間の一生は平均80年に満たない。しかし，種としてのヒトの歴史は考えようによっては数百万年にわたる。種の歴史が個体の歴史を超えることができるのは遺伝の働きによる。遺伝によって，生物は永遠ともいえる生命を手にすることができたのである。

　遺伝を担うのは，核酸といわれる化学物質である。核酸にはDNAとRNAがある。DNAは染色体の中心物質であり，母細胞から娘細胞へ，個体を超えた遺伝を担う物質である。それに対してRNAは，娘細胞においてDNAを元にして生産される。RNAはタンパク質生産を統括し，遺伝形質を実現する物質である。

　本章ではこのようなことを見ていこう。

13・1　DNAの構造と暗号

　遺伝を司る物質は核酸である。核酸にはDNA デオキシリボ核酸とRNA リボ核酸がある。そのうち，細胞，すなわち個体を超えた遺伝を司るのがDNAであり，その意味で，遺伝の中心物質はDNAである。

DNA：deoxyribonucleic acid
RNA：ribonucleic acid

13・1・1　DNAの二重ラセン構造

　DNAの構造は**二重ラセン**である。すなわち，2本の長い鎖状の分子aとbがラセン状に絡み合っている（図13・1）。

　二重ラセンを構成する各々の鎖状分子a，bは，単純な構造の高分子化合物であり，記号A，T，G，Cで表される4種の単位分子が固有の順

図13・1　DNAの二重ラセン

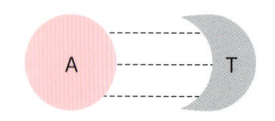

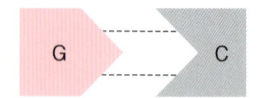

図 13・2　水素結合を形成できる組み合わせ

● 発展学習 ●
A，T，G，Cの実際の分子構造を調べ，水素結合がどのようにしてできるのか調べてみよう。

序で結合したものである。

13・1・2　DNA の構造

単位分子 ATGC には，水素結合をすることのできる部分構造が組み込まれている。しかし，その部分構造の位置は ATGC それぞれに固有であり，ATGC 全てがどのような組み合わせでも有効な水素結合を形成できるわけではない。有効な水素結合を形成できる組み合わせは A－T，G－C だけである（図 13・2）。

13・1・3　二重ラセンができるわけ

二重ラセンを構成する 2 本の DNA の間には，A－T，G－C の組み合わせが完璧に守られている。すなわち，分子 a の A には分子 b の T が水素結合し，分子 a の G には分子 b の C が水素結合しているのである（図 13・3）。これは，分子 a における単位分子の配列がわかれば，b の配列はおのずと明らかになることを意味する。

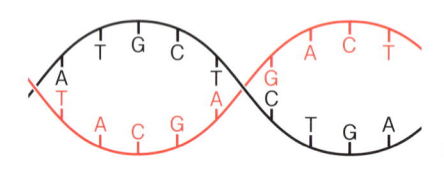

図 13・3　A－T，G－C の水素結合

13・1・4　DNA の暗号

DNA は遺伝の指令書である。DNA が用いる記号は ATGC の 4 文字である。しかし，4 文字の個数と配列を適当に組み合わせれば，26 文字のアルファベットと同様に，どのように複雑な哲学をも表すことが可能となる。

しかし，13・3・3 項の RNA で見るように，DNA の単語は 3 文字を一単位としてできているので，単語は $4^3 = 64$ 種に限られることになる。この 3 文字から表された単語を**コドン**という（図 13・4）。

図 13・4　コドン

13・2　DNAの解裂と複製

　細胞分裂をする前の細胞を**母細胞**と呼び，分裂によって生じた2個の細胞を**娘細胞**と呼ぶ。細胞分裂に伴って，母細胞にあった二重ラセンDNAは，そっくりそのまま二組の二重ラセンDNAとなり，2個の娘細胞に一組ずつ入っていく。このため，2個の娘細胞は2個とも母細胞と全く同じものとなる。

13・2・1　解裂と複製の基本路線

　二重ラセンDNAの解裂と複製は同時進行していく。すなわち，二重ラセンの分子 a，b が解裂して1本ずつの a，b になってから複製が起こるのではない。

　二重ラセンDNAの端に二重ラセンを解く酵素，DNAヘリカーゼが付いて，DNAを端から解裂していく。すると，完全に解裂するのを待たず，解裂した部分から複製が始まっていく（図13・5上）。

13・2・2　複製の実際

　DNAの解裂複製が行われる周囲には大量のフリー単位分子，ATGCが存在する。そのため，二重ラセンが解裂して旧a鎖，旧b鎖になると，

● 発展学習 ●

DNAの複製は細かく見ると複雑である。"岡崎フラグメント"をキーワードとしてDNA複製のメカニズムを調べてみよう。

DNAの端（染色体の端）にはテロメアと呼ばれる部分がある。この部分はDNAが複製されるたびに短くなり，ついにはなくなってしまう。そうなると染色体が不安定になり，これが細胞の死につながると考えられている。

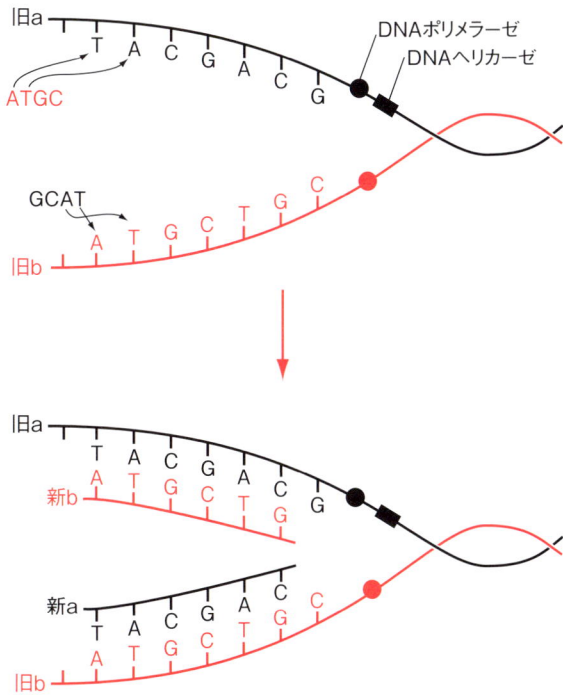

図13・5　DNAの解裂と複製

それぞれのATGCにフリーATGCが水素結合によって組み合わされていく。

その結果，旧a鎖には新b鎖，旧b鎖には新a鎖に対応する分子の配列ができていくことになる。その後でATGCを結合すれば，旧a−新b，旧b−新aの組み合わせによる新しい二組の二重ラセンDNAができることになる（図13・5下）。ATGCを結合するのは酵素DNAポリメラーゼである。

13・3　DNAとRNA

DNAは個体を超えて遺伝情報を伝える役割をする。その伝えられた遺伝情報を実際の形態に実現する役割をするのがRNAである。

13・3・1　遺伝子とジャンクDNA

DNAは非常に長い分子であり，ATGCの文字がおよそ2億個も並んでいる。それでは，これだけの文字が全て情報を伝えるために使われているかというとそうでもない。実際に使われているのは全文字数の10％にも満たないといわれる。

DNAのうち，遺伝情報に使われる部分を**遺伝子**という。それに対して使われていない部分を**ジャンクDNA**という。RNAはDNAのうち，この遺伝情報部分だけを取り出して複製したものである（図13・6）。

> ジャンクDNAは生物進化の過程で不要になった情報であると考えられている。

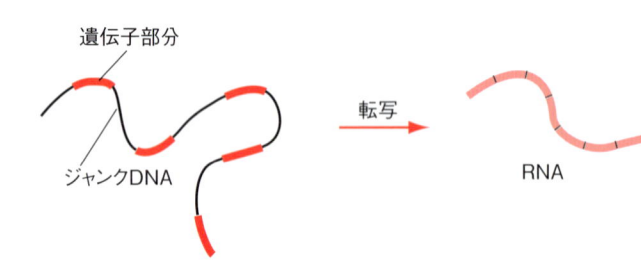

図13・6　DNAからRNAへの転写

13・3・2　RNAの作製

DNAを基にしてRNAを作製するのはRNAポリメラーゼという酵素である。DNA上の遺伝子には，その最初と最後に開始コドンと終止コドンが付いている（図13・7）。

二重ラセンDNAに取り付いた酵素は開始コドンを見つけると，その部分から二重ラセンを解き，片方のDNA鎖を基にしてRNAを複製し始める。このときの作業はDNAの複製と同じである。ただし，文字の一部が違っており，DNAでTを用いるところをRNAではUを用いる。

U：ウラシル

図13・7　DNA情報の翻訳過程

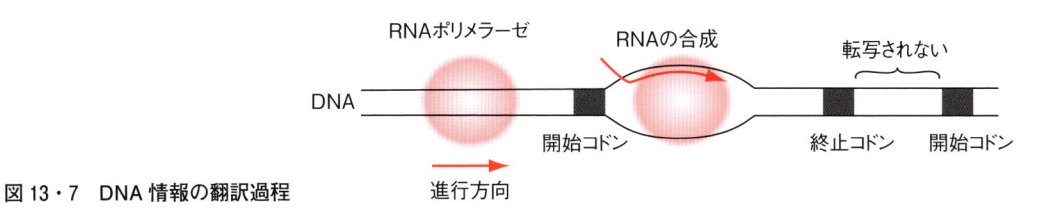

したがってRNAではAUGCという4文字が用いられることになる。

このようにDNAを基にRNAを作ることを**転写**という。

転写が進むと終止コドンに行き当たる。すると転写は終了するが, 酵素はさらにDNA上を進行し, 次の開始コドンを見つけるとまた転写を始める。このようにしてDNAの遺伝子部分だけをつなぎ合わせたものがRNAなのである。なお, DNAは2本がより合わさった二重ラセン構造であるが, RNAはただの1本である。

13・3・3　コドンとアミノ酸

RNAのコドンがどのようなアミノ酸に該当するのかを**表13・1**に示した。表によれば, 例えば第1字がU, 第2字がU, 第3字もUならばコドンはUUUでフェニルアラニンを指し, UGAなら転写終了を指すことを表すことがわかる。

表13・1　コドン表

第1字	第2字				第3字
	U	C	A	G	
U	フェニルアラニン フェニルアラニン ロイシン ロイシン	セリン セリン セリン セリン	チロシン チロシン 読み終わり 読み終わり	システイン システイン 読み終わり トリプトファン	U C A G
C	ロイシン ロイシン ロイシン ロイシン	プロリン プロリン プロリン プロリン	ヒスチジン ヒスチジン グルタミン グルタミン	アルギニン アルギニン アルギニン アルギニン	U C A G
A	イソロイシン イソロイシン イソロイシン メチオニン・読み始め	トレオニン トレオニン トレオニン トレオニン	アスパラギン アスパラギン リシン リシン	セリン セリン アルギニン アルギニン	U C A G
G	バリン バリン バリン バリン	アラニン アラニン アラニン アラニン	アスパラギン酸 アスパラギン酸 グルタミン酸 グルタミン酸	グリシン グリシン グリシン グリシン	U C A G

13・4　RNAとタンパク質合成

RNAはタンパク質合成を支配するが, 実際のタンパク質合成は細胞

小器官の一つであるリボソームで行われる。

13・4・1　mRNA と tRNA

RNA には何種類かが知られているが，重要なのは mRNA と tRNA である。mRNA（伝令 RNA）はタンパク質を構成するアミノ酸の配列順序を指定し，tRNA（転移 RNA）は mRNA の指令に基づいて特定のアミノ酸を運ぶ役割をする。

13・4・2　リボソーム

タンパク質合成の実際は**リボソーム**で行われる。mRNA にリボソームが取り付くと mRNA のコドンを解読する。するとそのコドンに基づいたアミノ酸を tRNA が運んでくる。リボソームは運んでこられたアミノ酸を次々に結合していく（図 13・8）。

このようにして，mRNA の情報に基づいた（結局は DNA の情報に基づいた）タンパク質が合成されるのである。

●発展学習●
リボソームは細胞内のどこにあり，どのような形で，どれくらいの大きさか調べてみよう。

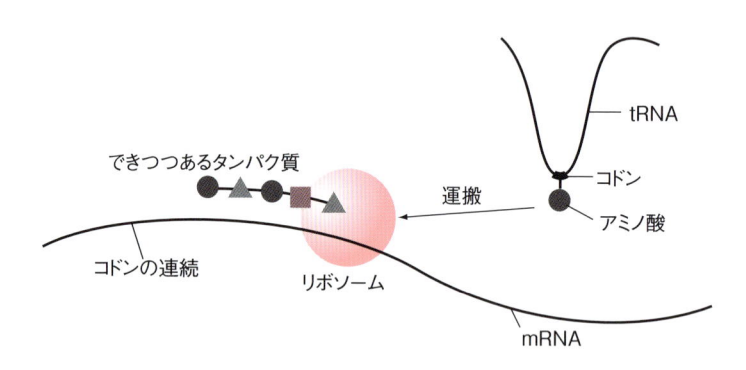

図 13・8　リボソームにおけるタンパク質の合成

13・4・3　遺伝形質の発現

遺伝された情報を実際の形質として発現させるのはタンパク質である。タンパク質は体を作る材料となるだけでなく，RNA の転写に立ち会って転写される RNA の量を支配する。またタンパク質合成に立ち会ってその量を支配する。さらに酵素として生体反応に立ち会って化学反応の速度を支配する。

タンパク質はこのように生体活動の全ての場に立ち会い，その量，速度を支配するのである。

このように，遺伝は DNA → RNA → タンパク質というように情報が伝えられ，複雑で精妙なしくみによって具体化されるのである。

●この章で学んだ主なこと

- □1 遺伝を司るのは核酸であり，核酸には DNA と RNA がある。
- □2 DNA は 2 本の分子がより合わさった二重ラセン構造である。
- □3 DNA は 4 種の単位分子 ATGC からなる高分子である。
- □4 ATGC は水素結合によって A－T，G－C という対を作る。
- □5 ATGC は 3 個が組み合わさったコドンを作り，特定のアミノ酸を指定する。
- □6 コドンの組み合わせが DNA の遺伝指令書である。
- □7 細胞分裂に伴い，二重ラセン DNA は解裂，複製をして新しい二組の二重ラセン DNA となる。
- □8 DNA には大切な遺伝子部分と不要なジャンク部分がある。
- □9 DNA を転写して，遺伝子部分だけをつなぎ合わせたものが RNA である。
- □10 RNA はリボソームでタンパク質合成を行う。
- □11 タンパク質は DNA の転写，RNA のタンパク合成，酵素としての働きなどを通して，遺伝情報を形質的特質として具体化させる。

●演習問題●

次の文章のうち正しいものに ○，間違っているものに × をつけよ。

1. DNA は二重ラセンだが RNA はただの 1 本である。
2. DNA を構成する単位分子の ATGC は全ての間で水素結合の形成が可能である。
3. ATGC のうち任意の 4 個が連続したものをコドンという。
4. 一つのアミノ酸を指定するコドンは複数種類ある。
5. DNA の複製は，二重ラセン DNA が完全に解裂して 1 本の DNA 鎖になってから始まる。
6. DNA から RNA が作られることを転位という。
7. DNA の全ての部分が遺伝情報を担っている。
8. RNA がタンパク合成を行う場はリボソームである。
9. リボソームにアミノ酸を運んでくるのはタンパク質である。
10. DNA は遺伝の司令書，RNA は司令官，タンパク質は現場監督のような役割である。
11. DNA は AUGC の 4 文字を使うが，RNA は ATGC の 4 文字を使う。
12. 染色体のテロメア部分が短くなると染色体が不安定になり，細胞の死につながる。

演習問題解答

◉ 序章　はじめに ◉

1　炭素を含む化合物のうち，CO，CO_2，HCN などのような簡単な構造のものを除いたもの。

2　単結合　エタン　H–C(H)(H)–C(H)(H)–H　　二重結合　エチレン　(H)(H)C=C(H)(H)　　三重結合　アセチレン　H–C≡C–H

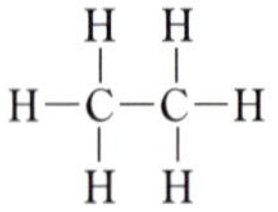

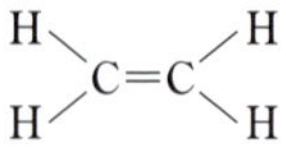

3　$CH_3CH=CH_2$

4　$CH_3CH_2-CHCH_3$
　　　　　　　｜
　　　　　　　X

5　H–(CH$_2$–CHCl)–(CH$_2$–CHCl)–……–(CH$_2$–CHCl)–H　or　H–(CH$_2$–CHCl)$_n$–H

6　メタン：109.5°　　エチレン：120°　　アセチレン：180°

7　置換反応，脱離反応，付加反応，酸化反応，還元反応 等。

8　糖類，タンパク質，DNA，ビタミン，ホルモン，油脂 等。

9　ポリエチレン，ポリスチレン，ナイロン，PET，ポリプロピレン 等。

第Ⅰ部　原子と結合

◉ 第1章　原子構造 ◉

1　Z 個

2　$(A-Z)$ 個

3　K：1　　L：2　　M：3

4　3p ↑ ↑ ↑
　　3s ↑↓
　　2p ↑↓ ↑↓ ↑↓
　　2s ↑↓
　　1s ↑↓

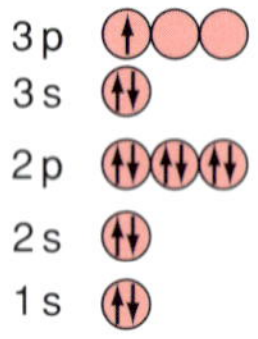

5　L殻は2個の電子を持っており，それを放出するとヘリウムと同じ閉殻構造になることができるため。

6　L殻は5個の電子を持っているので，もう3個足すとネオンと同じ閉殻構造になれるため。

7 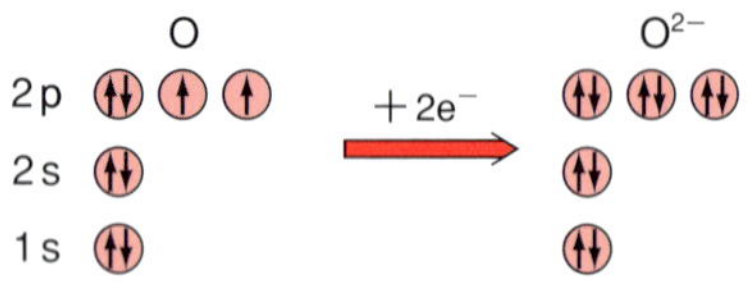　
O
2p ↑↓ ↑ ↑
2s ↑↓
1s ↑↓

$+2e^-$ →

O^{2-}
2p ↑↓ ↑↓ ↑↓
2s ↑↓
1s ↑↓

O^{2-} の電子配置は左図である。これからわかるとおり，L殻（2s，2p）に4組の電子対がある。非共有電子対は最外殻にある電子対を指すので，答えは4組である。

8　F > O > Cl = N > C > H

◉ 第2章　共有結合 ◉

1　① 結合回転：σ結合は可能だが，π結合は不可能。

　　② 電子雲の形：σ結合は紡錘形だが，π結合は結合軸の上下に分かれている。

演習問題解答 135

③ 強度：σ結合はπ結合より強い。

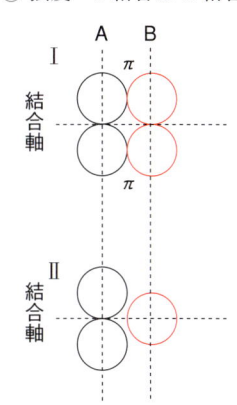

2　図ⅠはAB間にπ結合が存在する状態である。図ⅡはBを結合軸回りに90°回転させたものである。Ⅱでは軌道の重なりが消え，π結合が切断されている。そのため，π結合を保ったまま結合を回転させることができない。

3　混成軌道を作り，そこにs軌道の電子を移動させることによって不対電子数を4個に増やすことができるため。

4　sp^3：s 1個，p 3個　　sp^2：s 1個，p 2個　　sp：s 1個，p 1個

5　sp^3：109.5°　　sp^2：120°　　sp：180°

6　sp^3：単結合　　sp^2：二重結合　　sp：三重結合

7

8

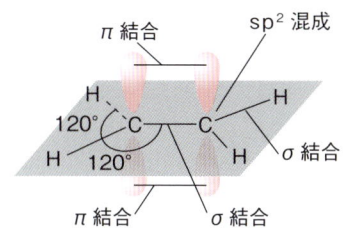

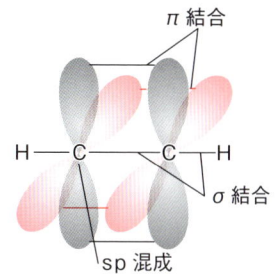

9　二重結合が回転できないため。

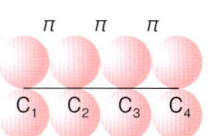

10　1,3-ブタジエンは4個のp軌道で3本のπ結合を作っている。そのため，強度は普通のπ結合の2/3である。したがってσ結合の1本分を足すと，1＋2/3＝5/3 重とみなすことができる。

11　ベンゼンは6個のp軌道で6本のπ結合を作る。そのため相対強度は1/2である。したがって 1＋1/2＝3/2，1.5重結合となる。

第Ⅱ部　有機化合物の構造

● 第3章　有機化合物の構造 ●

1　a) カルボキシル基　　b) ニトロ基　　c) ニトリル基

2　a) >C=O　　b) −C(=O)H　　c) −NH₂

3　a) アルコール　　b) ニトロ化合物　　c) カルボン酸　　d) アルデヒド　　e) アミン

4　a) ニトリル基 −C≡N　　b) アミノ基 −NH₂　　c) ホルミル基 −C(=O)H　　e) カルボキシル基 −C(=O)OH

5 a) 3-メチルヘプタン　　b) 3-ノネン　　c) シクロヘキサン　　d) シクロペンテン

6 a) ～～～～　b) ～／＼～～　c) ～＼＝／～

d) （環）　e) （環）　f) －≡－　g) シクロノネン（環、番号1-9）

7

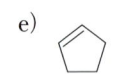

ホルムアルデヒド　H–CHO　　酢酸　CH₃–COOH　　プロピレン　CH₃–CH=CH₂

アセトアルデヒド　CH₃–CHO　　ギ酸　H–COOH　　安息香酸　Ph–COOH

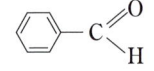

トルエン　Ph–CH₃　　アニリン　Ph–NH₂　　ベンズアルデヒド　Ph–CHO

8 a), b), c), e), f), g), j)

● 第 4 章　異 性 体 ●

1 ≡——　　—≡—　　＝／＼　　＝＝—　　□　　△　　△＝　　△

2

Br＼C=C／Br　　Br＼C=C／H　　Br＼C=CH₂
H／　　＼H　　H／　　＼Br　　Br／

3

H₂N⋯C(R)(H)–CO₂H　　｜　　HO₂C⋯C(R)(H)–NH₂

4

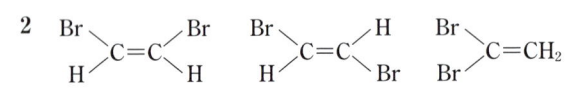

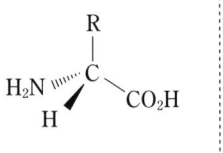

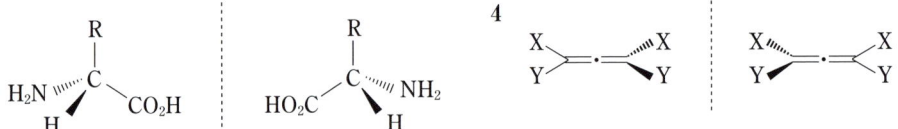

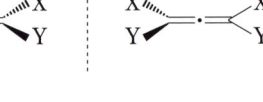

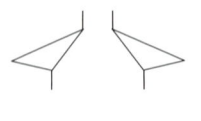

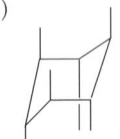

X⋯C=C=C⋯X　　｜　　X⋯C=C=C⋯X
Y　　　Y　　　　　　Y　　　Y

5 （立体構造図）　　**6** a) （立体構造図）　b) （椅子型シクロヘキサン）

7 次の構造 A, B それぞれが光学活性体。A と B の 1：1 混合物がラセミ体。

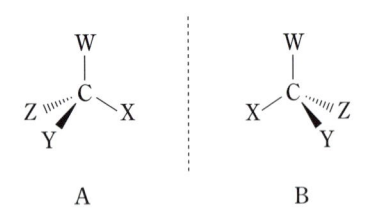

```
    W              W
    |              |
Z⋯C–X    ｜    X–C⋯Z
    |              |
    Y              Y
    A              B
```

8 エリトロ体：a), d)　　トレオ体：b), c)

9 A　　　　　　　　B
　　エナンチオマー　シス・トランス異性体
　　ジアステレオマー　光学異性体
　　　　　　　　　　回転異性体

● 第 5 章　芳香族化合物 ●

1　a) ×, b) ○, c) ×, d) ×, e) ×, f) ○, g) ×
2　a), d)
3　b), d), e), g), h), i)
4　（o-, m-, p-ジクロロベンゼン）
5　（1,2,3-, 1,2,4-, 1,3,5-トリクロロベンゼン）
6　ピリジン　　フラン
7　
8　ピリジン　フラン　チオフェン　ピロール

:::::: 第 Ⅲ 部　有機化合物の性質と反応 ::::::

● 第 6 章　炭化水素の反応 ●

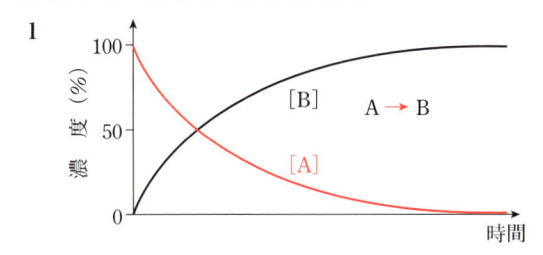

1　[グラフ: A → B, [A]減少, [B]増加]
2　左：求核試薬　　右：求電子試薬
3　半減期の短い方 (1分) が速い反応である。
4　① S_N1　　② S_N2

138 ●演習問題解答

5 ① ザイツェフ則　$CH_3CH_2\underset{CH_3}{\overset{}{>}}C=CH-CH_2CH_3$　② ホフマン則　$CH_3CH_2-\underset{CH_3}{\overset{|}{C}H}-CH=CH-CH_3$

6 左　$\underset{CH_3CH_2}{\overset{CH_3}{>}}C=O\ +\ O=C\underset{OH}{\overset{CH_3}{<}}$　　右　$\underset{HO}{\overset{CH_3}{>}}C=O\ +\ (CO_2\ +\ H_2O)$
　　　　　　　　　　　　　　　　　　　　　　カッコ内は無機物

7 $\underset{H}{\overset{R}{>}}C=C\underset{H}{\overset{R}{<}}$　シス体　　**8** 上　(cyclohexene with methyl)　　下　(cyclohexene with methyl)

● 第7章　アルコール・エーテルの反応 ●

1 a) エタノール　　b) エチレングリコール　　c) ジエチルエーテル　　d) テトラヒドロフラン (THF)

2 $CH_3-CH_2-{}^{18}O-H\quad H-O-\overset{O}{\overset{\|}{C}}-CH_3$　左図のように脱水するので，H_2O の分子量は18である。

3　A $\underset{CH_3}{\overset{CH_3}{>}}CH-ONa$　　B $CH_2=C\underset{CH_3}{\overset{CH_3}{<}}$　　C $Ph-\overset{O}{\overset{\|}{C}}-O-CH_3$

　　D $H-C\underset{H}{\overset{O}{<}}\ \rightarrow\ H-C\underset{OH}{\overset{O}{<}}$

4　A $CH_3CH_2-\overset{H}{\overset{+}{O}}-CH_2CH_3$　　B $Br-CH_2-CH_2-OH$

● 第8章　アルデヒド・ケトンの反応 ●

1 a) ホルムアルデヒド　　b) アセトアルデヒド　　c) ベンズアルデヒド　　d) アセトン

2 左 $\underset{CH_3}{\overset{CH_3}{>}}C=O$　　右 $\underset{HO}{\overset{CH_3CH_2}{>}}C=O$

3　A　　ヘミアセタール　　　　アセタール

　$\underset{CH_3CH_2}{\overset{CH_3}{>}}C\underset{O-Ph}{\overset{OH}{<}}$　　$\underset{CH_3CH_2}{\overset{CH_3}{>}}C\underset{O-Ph}{\overset{O-Ph}{<}}$

　B　$\left(CH_3\underset{\overset{|}{N}-CH_3}{\overset{\overset{|}{O}H\ H}{C}H}\right)\xrightarrow{-H_2O} CH_3-CH=N-CH_3$

　C $Ph-\underset{H}{\overset{CH_3}{\overset{|}{C}}}-OH$　　D $Ph-\underset{}{\overset{CH_3}{\overset{|}{C}}H_2}$　　E $CH_3-CH=CH-\overset{O}{\overset{\|}{C}}-H$

● 第 9 章　カルボン酸の反応 ●

1　a) ギ酸　　b) 酢酸　　c) 安息香酸　　d) シュウ酸

2　a) 酸：H$^+$ を出す物質　　塩基：H$^+$ を受けとる物質
　　b) 酸性：中性より H$^+$ の多い状態 ＜ pH 7　　塩基性：中性より H$^+$ の少ない状態 ＞ pH 7

3

A　C$_6$H$_5$–CO$_2$H

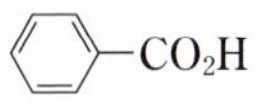

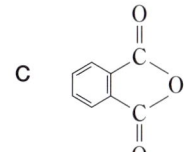

B　o-C$_6$H$_4$(CO$_2$H)$_2$

C　無水フタル酸

D　C$_6$H$_5$–O–CO–CH$_2$CH$_3$

E　(CH$_3$)$_2$C(OH)(CN)

F　H$_2$C=C(CN)(CH$_3$)

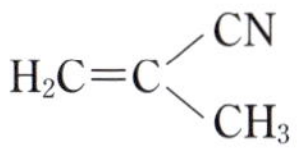

G　CH$_3$CH$_2$–MgBr

H　CH$_3$CH$_2$–CHO

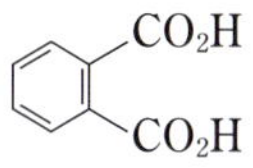

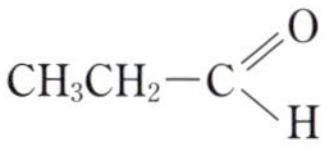

I　C$_6$H$_5$–CO–NH–CH$_3$

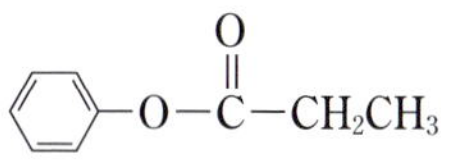

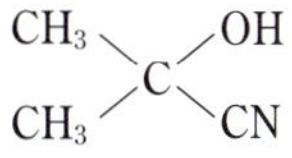

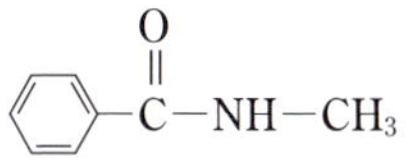

● 第 10 章　ベンゼンおよび置換基の反応 ●

1　a) アニリン　　b) ベンゼンスルホン酸　　c) ニトロベンゼン　　d) ベンゾニトリル
　　e) 塩化ベンゼンジアゾニウム

2　o-トルイジン ＋ m-トルイジン ＋ p-トルイジン

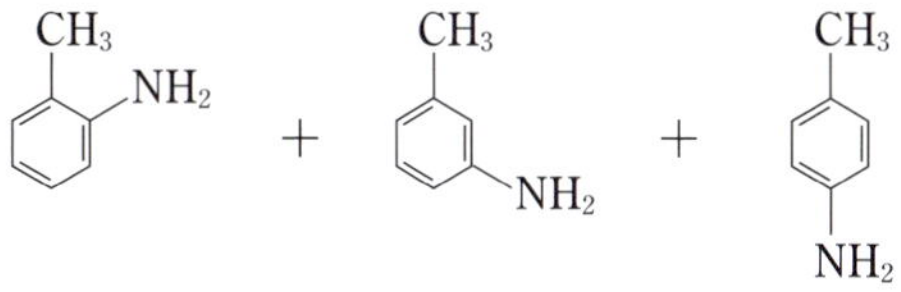

3

A　C$_6$H$_5$–CO–CH$_2$CH$_3$

B　m-ジニトロベンゼン

C　o-トルエンスルホン酸

D　p-トルエンスルホン酸

E　o-トルイジン

F　m-メチルアニリン

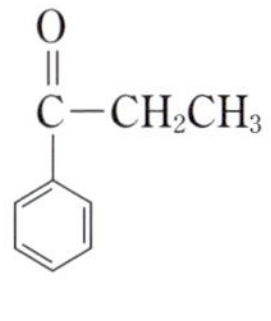

G　C$_6$H$_5$–N=N–C$_6$H$_4$–N(CH$_3$)$_2$

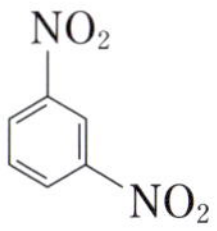

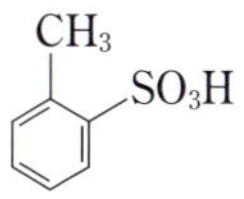

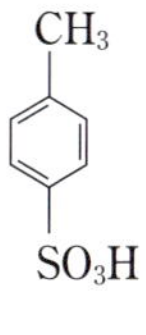

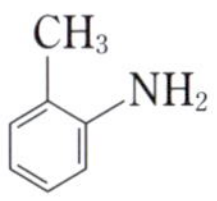

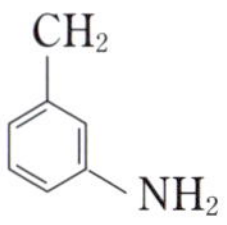

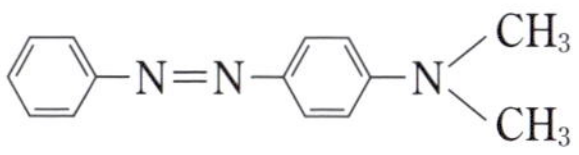

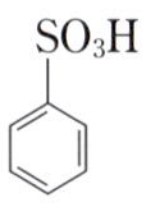

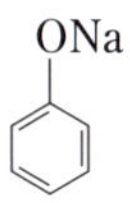

H　ベンゼンスルホン酸

I　C$_6$H$_5$–ONa

J　C$_6$H$_5$–OH

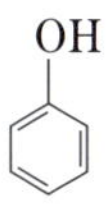

● 第 11 章　高 分 子 化 合 物 ●

1 ×, 2 ○, 3 ×, 4 ×, 5 ×, 6 ○, 7 ○, 8 ○, 9 ×, 10 ×, 11 ×, 12 ○, 13 ○

第Ⅳ部　生命と有機化学

第12章　生体と有機化学

1. 単糖類：グルコース，フルクトース
   二糖類：スクロース，マルトース
   多糖類：デンプン，セルロース

2. デンプンは α-グルコースの高分子であり，セルロースは β-グルコースの高分子である。ヒトはデンプンを分解できるが，セルロースは分解できない。

3. タンパク質はポリペプチドの一種であるが，固有の立体構造と機能を持ったものだけをタンパク質という。

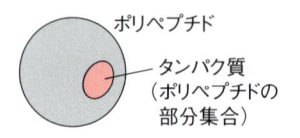

4.
$$H_2N-\underset{H}{\underset{|}{\overset{R^1}{\overset{|}{C}}}}-\overset{O}{\overset{\|}{C}}-O-H \quad H-N-\underset{H}{\underset{|}{\overset{R^2}{\overset{|}{C}}}}-CO_2H \quad \xrightarrow{-H_2O} \quad H_2N-\underset{H}{\underset{|}{\overset{R^1}{\overset{|}{C}}}}-\overset{O}{\overset{\|}{C}}-\underset{H}{\underset{|}{N}}-\underset{H}{\underset{|}{\overset{R^2}{\overset{|}{C}}}}-CO_2H$$

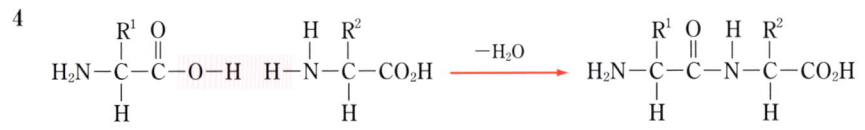

5.
$$\begin{array}{l} CH_2-O-\overset{O}{\overset{\|}{C}}-R^1 \\ |\overset{O}{\overset{\|}{}} \\ CH-O-\overset{}{C}-R^2 \\ |\overset{O}{\overset{\|}{}} \\ CH_2-O-\overset{}{C}-R^3 \end{array}$$

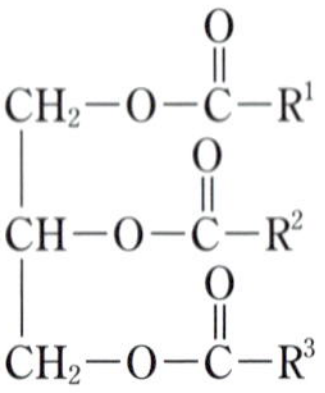

6. 炭素数 ≤ 11 が低級脂肪酸，炭素数 ≥ 12 が高級脂肪酸。

7. ビタミンA：鳥目　　ビタミンB：脚気　　ビタミンC：壊血病　　ビタミンD：くる病

8. 性ホルモン：性的特徴の発現　　インシュリン：血糖値の調節　　チロキシン：成長や変態を制御

9. 神経線維間の情報伝達。

10. a) ○, b) ×, c) ×, d) ×, e) ○, f) ×, g) ×

第13章　遺伝と有機化合物

1 ○, 2 ×, 3 ×, 4 ○, 5 ×, 6 ×, 7 ×, 8 ○, 9 ×, 10 ○, 11 ×, 12 ○

索　引

ア

RNA　130
IUPAC 命名法　2, 34
アキシアル水素　42
アセチルコリン　125
アセチルサリチル酸　6
アセチレン　26
アセトアルデヒド　79
アゾ染料　103
アニリン　53
アミド化　94
アミノ基　96
アミノ酸　118
アミロース　117
アミロペクチン　117
アルカン　2
アルキル基　32
アルキン　2, 37
アルケン　2, 36
アルコール　68
アルコキシド　71
アルデヒド　78
アルドール縮合　86
α-ヘリックス　119
安息香酸　53, 91
アントラセン　53

イ

E1 反応　60
E2 反応　61
EPA　3
イオン　15
イオン交換高分子　114
いす形　41
異性体　2, 25, 39
一分子反応　57

一価アルコール　69
遺伝子　130
インシュリン　124

ウ

ウィリアムソン合成　75
ウォルフ-キシュナー反応
　84

エ

エーテル　74
エクアトリアル水素　42
SE 反応　98
S_N1 反応　59
S_N2 反応　59
s 軌道　12
エステル　73
エステル化　73, 94
sp 混成軌道　25
sp^2 混成軌道　23
sp^3 混成軌道　21
エタノール　69
エタン　22
エチル基　32
エチレン　24
エチレングリコール　69, 110
エナンチオマー　48
mRNA　132
エリトロ体　48
塩化ベンゼンジアゾニウム
　103
塩基　88
塩基性　89
塩素化　99
エントロピー弾性　111

オ

オキサシクロプロパン　74, 76
オゾニド　65
オゾン酸化　65
オルト (o)　54
オルト・パラ配向性　101
オレフィン　63

カ

開殻構造　14
回転異性　41
回転異性体　23
界面活性剤　121
解裂　129
化学繊維　110
重なり形　23
加水分解　73
可塑剤　108
カップリング反応　103
価電子　15
果糖　116
加硫　111
カルボン酸　90
環状付加反応　63
環状飽和炭化水素　36
官能基　32
慣用名　35

キ

ギ酸　91
基質　4, 57
軌道　12
機能性高分子　112
求核置換反応　82
求核反応　58
求電子反応　58

鏡像異性　45
共役二重結合　27
共有結合　2, 18
銀鏡反応　81

ク

グリセリン　69, 120
グリニャール試薬　83
グリニャール反応　82
グルコース　116

ケ

結合順序　39
結合電子　18
結晶性部分　110
ケト・エノール互変異性　84
原子核　11
原子番号　11

コ

光学異性体　44
高級脂肪酸　121
高吸水性高分子　114
合成高分子化合物　107
構造式　30
高分子化合物　106
コドン　128
ゴム　111
混成軌道　20

サ

最外殻　15
最外殻電子　15
ザイツェフ則　60
細胞膜　122
酢酸　91
サリチル酸　6
サリチル酸メチル　6
サリドマイド　46
酸　88

酸化反応　63
三重結合　26
酸性　89
サンドマイヤー反応　103
酸無水物　93

シ

ジアステレオマー　48
ジアゾニウム塩　103
ジエチルエーテル　74
1,2-ジオール　65
σ結合　19
σ骨格　24
シクロアルカン　36
シクロアルケン　36
シクロプロペン　55
シクロペンタジエン　55
四酸化オスミウム酸化　65
シス・トランス異性　25
シス形　43
シス体　25
シス付加　62
質量数　11
脂肪　120
脂肪酸　121
脂肪油　120
試薬　57
ジャンクDNA　130
重合反応　6
脂溶性ビタミン　123
触媒　62
ショ糖　117
神経伝達物質　124
親水性部分　121
シンナー　53

ス

水素イオン指数　89
水溶性ビタミン　124
数詞　3, 34

スクロース　117
スチレン　53
スピン　14
スルホン化　98

セ，ソ

正四面体形　22
生分解性高分子　113
性ホルモン　124
生理活性　46
接触還元反応　62
セルロース　117
セロトニン　125
旋光性　45
疎水性部分　121

タ

第一級アミン　96
第二級アミン　96
第三級アミン　96
第一級アルコール　69
第二級アルコール　69
第三級アルコール　69
第四級アンモニウム塩　96
ダイナマイト　97
多価アルコール　69
多環式芳香族　53
脱水縮合　73
脱水反応　71
脱炭酸　93
脱離反応　5, 60
多糖類　117
炭化水素　30
炭水化物　116
単糖類　116
タンパク質　7, 118

チ

チオフェン　54
置換基　4, 32

索　引　143

置換基効果　33
置換反応　4, 59
中性　89
中性子　11
直鎖飽和炭化水素　35
チロキシン　124

テ

tRNA　132
DHA　3
DNA　8, 127
d軌道　12
ディールス-アルダー反応　63
低級脂肪酸　121
テストステロン　124
テトラヒドロフラン　74
テレフタル酸　110
電気陰性度　16
電子殻　12
電子吸引性置換基　33
電子供与性置換基　33
電子配置　13
転写　131
伝導性高分子　113
天然高分子化合物　107
デンプン　7, 117

ト

同位体　12
ドープ　113
トーレン反応　81
トランス形　43
トランス体　25
トランス付加反応　62
トルエン　53
トレオ体　48

ナ

ナイロン　109

ナフタレン　53

ニ

二重結合　25
二重ラセン　127
二糖類　117
ニトリル基　97
ニトロ化　98
ニトロ基　97
ニトログリセリン　97
ニトロニウムイオン　98
ニトロベンゼン　53
二分子反応　57
二分子膜　122
ニューマン投影図　23

ネ

ねじれ形　23
熱可塑性樹脂　108
熱硬化性樹脂　111

ハ

π結合　19, 24
配向性　100
配座異性　41
麦芽糖　117
発泡ポリスチレン　109
パラ(p)　54
半減期($t_{1/2}$)　58
反応速度　58

ヒ

pH　89
p軌道　12
非共有電子対　15
非晶性　110
ビタミン　123
ビタミンA　123
ビタミンB　124
ビタミンC　124

ビタミンD　123
ヒドリド　84
非ベンゼン系芳香族化合物　54
ヒュッケル　52
ピリジン　54
微量物質　123
ピロール　54

フ

フィッシャー投影式　47
フェーリング反応　81
フェナントレン　53
フェノール　53, 112
付加反応　5, 62
複製　129
不斉炭素　44
1,3-ブタジエン　27
不対電子　15
ブドウ糖　116
舟形　41
不飽和アルデヒド　86
不飽和結合　36
不飽和脂肪酸　121
フラン　54, 74
フリーデル-クラフツ反応　99
フルクトース　116
プロゲステロン　124
分子間脱水　72
分子構造　1
分子式　1
分子内脱水　72
分子膜　121

ヘ

閉殻構造　14
β-シート　119
PET　109
ヘテロ元素　54

ヘテロ芳香族　54
ペプチド　94, 119
ペプチド結合　119
偏光　45
ベンザイン　100
ベンズアルデヒド　53, 79
ベンゼン　50
ベンゾニトリル　53

ホ

芳香族性　51
飽和脂肪酸　121
飽和炭化水素　35
母細胞　129
ホフマン則　61
ポリアセチレン　113
ポリエステル　110
ポリエチレン　6, 108
ポリ塩化ビニル　109
ポリスチレン　109
ポリ乳酸　113
ポリペプチド　119
ホルムアルデヒド　79, 112
ホルモン　124

マ，ム，メ，モ

マルトース　117
娘細胞　129
メタ (m)　54
メタノール　69
メタ配向性　100
メタン　22
メチル基　32
モルオゾニド　65

ユ，ヨ

油脂　120
陽子　11
ヨードホルム反応　85
$(4n+2)\pi$ 則　51

ラ，リ

ラセミ体　46, 59
立体構造　120
リボソーム　132
両親媒性分子　121
リン脂質　122

ワ

ワルデン反転　60
ワンポットリアクション　83

著者略歴

齋藤　勝裕（さいとう　かつひろ）

1945 年　新潟県生まれ
1969 年　東北大学理学部卒業
1974 年　東北大学大学院理学研究科博士課程修了
名古屋工業大学工学部講師，同大学大学院工学研究科教授等を経て
現在　名古屋工業大学名誉教授　理学博士
専門分野：有機化学，物理化学，超分子化学

ステップアップ　大学の有機化学

2009 年 9 月 20 日　第 1 版 1 刷発行
2019 年 4 月 5 日　第 2 版 1 刷発行
2023 年 3 月 20 日　第 2 版 3 刷発行

検印省略

定価はカバーに表示してあります．

著作者　齋藤　勝裕
発行者　吉野　和浩
発行所　東京都千代田区四番町 8-1
　　　　電話　03-3262-9166（代）
　　　　郵便番号　102-0081
　　　　株式会社　裳華房
印刷所　三報社印刷株式会社
製本所　牧製本印刷株式会社

一般社団法人
自然科学書協会会員

JCOPY〈出版者著作権管理機構　委託出版物〉
本書の無断複製は著作権法上での例外を除き禁じられています．複製される場合は，そのつど事前に，出版者著作権管理機構（電話 03-5244-5088, FAX 03-5244-5089, e-mail: info@jcopy.or.jp）の許諾を得てください．

ISBN 978-4-7853-3082-8

©齋藤勝裕, 2009　　Printed in Japan

有機化学スタンダード　各B5判, 全5巻

裾野の広い有機化学の内容をテーマ（分野）別に学習することは，有機化学を学ぶ一つの有効な方法であり，専門基礎の教育にあっても，このようなアプローチは可能と思われる．本シリーズは，有機化学の専門基礎に相当する必須のテーマ（分野）を選び，それぞれについて，いわばスタンダードとすべき内容を盛って，学生の学びやすさと教科書としての使いやすさを最重点に考えて企画した．

基礎有機化学
小林啓二 著　　184頁／定価 2860円（税込）

立体化学
木原伸浩 著　　154頁／定価 2640円（税込）

有機反応・合成
小林 進 著　　192頁／定価 3080円（税込）

生物有機化学
北原 武・石神 健・矢島 新 共著
192頁／定価 3080円（税込）

有機スペクトル解析入門
小林啓二・木原伸浩 共著　　240頁／定価 3740円（税込）

テキストブック　有機スペクトル解析
― 1D, 2D NMR・IR・UV・MS ―

楠見武徳 著　B5判／228頁／定価 3520円（税込）

理学・工学・農学・薬学・医学および生命科学の分野で，「有機機器分析」「有機構造解析」等に対応する科目の教科書・参考書．ていねいな解説と豊富な演習問題で，最新の有機スペクトル解析を学ぶうえで最適である．有機化学分野の学部生，大学院生だけでなく，他分野，とくに薬剤師国家試験や理科系公務員試験を受ける学生には，最重要項目を随時まとめた【要点】が試験直前勉強に役立つであろう．

【主要目次】1. ^{1}H核磁気共鳴（NMR）スペクトル　2. ^{13}C核磁気共鳴（NMR）スペクトル　3. 赤外線（IR）スペクトル　4. 紫外・可視（UV-VIS）吸収スペクトル　5. マススペクトル（Mass Spectrum：MS）　6. 総合問題

少しはやる気がある人のための
自学自修用 有機化学問題集

粟野一志・瀬川 透 共編　B5判／248頁／定価 3300円（税込）

全国の大学3年編入学試験問題を中心とした多数の問題を，一般的な有機化学の教科書の章立てにあわせて編集した．ごく基本的なものから応用力を試されるものまで多彩な問題が集められ，また各問題にはヒントおよび丁寧な解説がついている．大学1，2年生および高専生の自学自修用に最適な問題集である．

最新の有機化学演習
― 有機化学の復習と大学院合格に向けて ―

東郷秀雄 著　A5判／274頁／定価 3300円（税込）

有機化学の基本から応用まで幅広く学習できるように演習問題を系統的に網羅し，有機化学全般から出題した総合演習書．特に反応機構や，重要な有機人名反応，および合成論を幅広く取り上げているので，有機合成の現場でも参考になる．最近の論文からも多くの反応例を引用しており，大学院入試の受験勉強にも最適な演習書である．

【主要目次】1. 基本有機化学　2. 基本有機反応化学　3. 重要な有機人名反応：反応生成物と反応機構　4. 有機合成反応と反応機構　5. 天然物合成反応　―最近報告された学術論文から―

裳華房ホームページ　https://www.shokabo.co.jp/

元素の周期表

族\周期	1	2	3	4	5	6	7	8	9	10	11	12	13	14	15	16	17	18
1	1H 水素 1.008																	2He ヘリウム 4.003
2	3Li リチウム 6.941	4Be ベリリウム 9.012											5B ホウ素 10.81	6C 炭素 12.01	7N 窒素 14.01	8O 酸素 16.00	9F フッ素 19.00	10Ne ネオン 20.18
3	11Na ナトリウム 22.99	12Mg マグネシウム 24.31											13Al アルミニウム 26.98	14Si ケイ素 28.09	15P リン 30.97	16S 硫黄 32.07	17Cl 塩素 35.45	18Ar アルゴン 39.95
4	19K カリウム 39.10	20Ca カルシウム 40.08	21Sc スカンジウム 44.96	22Ti チタン 47.87	23V バナジウム 50.94	24Cr クロム 52.00	25Mn マンガン 54.94	26Fe 鉄 55.85	27Co コバルト 58.93	28Ni ニッケル 58.69	29Cu 銅 63.55	30Zn 亜鉛 65.38	31Ga ガリウム 69.72	32Ge ゲルマニウム 72.64	33As ヒ素 74.92	34Se セレン 78.96	35Br 臭素 79.90	36Kr クリプトン 83.80
5	37Rb ルビジウム 85.47	38Sr ストロンチウム 87.62	39Y イットリウム 88.91	40Zr ジルコニウム 91.22	41Nb ニオブ 92.91	42Mo モリブデン 95.96	43Tc テクネチウム (99)	44Ru ルテニウム 101.1	45Rh ロジウム 102.9	46Pd パラジウム 106.4	47Ag 銀 107.9	48Cd カドミウム 112.4	49In インジウム 114.8	50Sn スズ 118.7	51Sb アンチモン 121.8	52Te テルル 127.6	53I ヨウ素 126.9	54Xe キセノン 131.3
6	55Cs セシウム 132.9	56Ba バリウム 137.3	* ランタノイド 57~71	72Hf ハフニウム 178.5	73Ta タンタル 180.9	74W タングステン 183.8	75Re レニウム 186.2	76Os オスミウム 190.2	77Ir イリジウム 192.2	78Pt 白金 195.1	79Au 金 197.0	80Hg 水銀 200.6	81Tl タリウム 204.4	82Pb 鉛 207.2	83Bi ビスマス 209.0	84Po ポロニウム (210)	85At アスタチン (210)	86Rn ラドン (222)
7	87Fr フランシウム (223)	88Ra ラジウム (226)	** アクチノイド 89~103	104Rf ラザホージウム (267)	105Db ドブニウム (268)	106Sg シーボーギウム (271)	107Bh ボーリウム (272)	108Hs ハッシウム (277)	109Mt マイトネリウム (276)	110Ds ダームスタチウム (281)	111Rg レントゲニウム (280)	112Cn コペルニシウム (285)	113Nh ニホニウム (284)	114Fl フレロビウム (289)	115Mc モスコビウム (288)	116Lv リバモリウム (293)	117Ts テネシン (293)	118Og オガネソン (294)
電荷	+1	+2					複雑					+2	+3		−3	−2	−1	
名称	アルカリ金属[†1]	アルカリ土類金属[†2]					遷移元素						ホウ素族	炭素族	窒素族	酸素族	ハロゲン	希ガス元素
	典型元素												典型元素					

*ランタノイド

| 57La ランタン 138.9 | 58Ce セリウム 140.1 | 59Pr プラセオジム 140.9 | 60Nd ネオジム 144.2 | 61Pm プロメチウム (145) | 62Sm サマリウム 150.4 | 63Eu ユウロピウム 152.0 | 64Gd ガドリニウム 157.3 | 65Tb テルビウム 158.9 | 66Dy ジスプロシウム 162.5 | 67Ho ホルミウム 164.9 | 68Er エルビウム 167.3 | 69Tm ツリウム 168.9 | 70Yb イッテルビウム 173.1 | 71Lu ルテチウム 175.0 |

**アクチノイド

| 89Ac アクチニウム (227) | 90Th トリウム 232.0 | 91Pa プロトアクチニウム 231.0 | 92U ウラン 238.0 | 93Np ネプツニウム (237) | 94Pu プルトニウム (239) | 95Am アメリシウム (243) | 96Cm キュリウム (247) | 97Bk バークリウム (247) | 98Cf カリホルニウム (252) | 99Es アインスタイニウム (252) | 100Fm フェルミウム (257) | 101Md メンデレビウム (258) | 102No ノーベリウム (259) | 103Lr ローレンシウム (262) |

原子番号 ─ 1H ─ 元素記号
元素名 ─ 水素 ─ 原子量(有効数字4ケタで表示)
        1.008

遷移元素をアミかけで示す。

安定同位体がなく天然で特定の同位体組成を示さない元素については、その元素の放射性同位体の質量の一例を( )内に示す。
†1 Hを除く。 †2 Be, Mgを除く。